走进大学
DISCOVER UNIVERSITY

什么是
生物工程?

WHAT
IS
BIOENGINEERING

U0245233

贾凌云　袁文杰　编著

大连理工大学出版社
Dalian University of Technology Press

图书在版编目(CIP)数据

什么是生物工程？/ 贾凌云，袁文杰编著. -- 大连：
大连理工大学出版社，2021.9
ISBN 978-7-5685-2990-7

Ⅰ. ①什… Ⅱ. ①贾… ②袁… Ⅲ. ①生物工程－普
及读物 Ⅳ. ①Q81-49

中国版本图书馆 CIP 数据核字(2021)第 071877 号

什么是生物工程？　SHENME SHI SHENGWU GONGCHENG?

出　版　人：苏克治
责任编辑：于建辉　陈　玟
责任校对：董歅菲　邵　青
封面设计：奇景创意

出版发行：大连理工大学出版社
　　　　　（地址：大连市软件园路 80 号，邮编：116023）
电　　话：0411-84708842（发行）
　　　　　0411-84708943（邮购）　0411-84701466（传真）
邮　　箱：dutp@dutp.cn
网　　址：http://dutp.dlut.edu.cn

印　　刷：辽宁新华印务有限公司
幅面尺寸：139mm×210mm
印　　张：5.25
字　　数：82 千字
版　　次：2021 年 9 月第 1 版
印　　次：2021 年 9 月第 1 次印刷
书　　号：ISBN 978-7-5685-2990-7
定　　价：39.80 元

出版者序

高考,一年一季,如期而至,举国关注,牵动万家!这里面有莘莘学子的努力拼搏,万千父母的望子成龙,授业恩师的佳音静候。怎么报考,如何选择大学和专业?如愿,学爱结合;或者,带着疑惑,步入大学继续寻找答案。

大学由不同的学科聚合组成,并根据各个学科研究方向的差异,汇聚不同专业的学界英才,具有教书育人、科学研究、服务社会、文化传承等职能。当然,这项探索科学、挑战未知、启迪智慧的事业也期盼无数青年人的加入,吸引着社会各界的关注。

在我国,高中毕业生大都通过高考、双向选择,进入大学的不同专业学习,在校园里开阔眼界,增长知识,提

升能力,升华境界。而如何更好地了解大学,认识专业,明晰人生选择,是一个很现实的问题。

为此,我们在社会各界的大力支持下,延请一批由院士领衔、在知名大学工作多年的老师,与我们共同策划、组织编写了"走进大学"丛书。这些老师以科学的角度、专业的眼光、深入浅出的语言,系统化、全景式地阐释和解读了不同学科的学术内涵、专业特点,以及将来的发展方向和社会需求。希望能够以此帮助准备进入大学的同学,让他们满怀信心地再次起航,踏上新的、更高一级的求学之路。同时也为一向关心大学学科建设、关心高教事业发展的读者朋友搭建一个全面涉猎、深入了解的平台。

我们把"走进大学"丛书推荐给大家。

一是即将走进大学,但在专业选择上尚存困惑的高中生朋友。如何选择大学和专业从来都是热门话题,市场上、网络上的各种论述和信息,有些碎片化,有些鸡汤式,难免流于片面,甚至带有功利色彩,真正专业的介绍文字尚不多见。本丛书的作者来自高校一线,他们给出的专业画像具有权威性,可以更好地为大家服务。

二是已经进入大学学习，但对专业尚未形成系统认知的同学。大学的学习是从基础课开始，逐步转入专业基础课和专业课的。在此过程中，同学对所学专业将逐步加深认识，也可能会伴有一些疑惑甚至苦恼。目前很多大学开设了相关专业的导论课，一般需要一个学期完成，再加上面临的学业规划，例如考研、转专业、辅修某个专业等，都需要对相关专业既有宏观了解又有微观检视。本丛书便于系统地识读专业，有助于针对性更强地规划学习目标。

三是关心大学学科建设、专业发展的读者。他们也许是大学生朋友的亲朋好友，也许是由于某种原因错过心仪大学或者喜爱专业的中老年人。本丛书文风简朴，语言通俗，必将是大家系统了解大学各专业的一个好的选择。

坚持正确的出版导向，多出好的作品，尊重、引导和帮助读者是出版者义不容辞的责任。大连理工大学出版社在做好相关出版服务的基础上，努力拉近高校学者与读者间的距离，尤其在服务一流大学建设的征程中，我们深刻地认识到，大学出版社一定要组织优秀的作者队伍，用心打造培根铸魂、启智增慧的精品出版物，倾尽心力，

服务青年学子,服务社会。

"走进大学"丛书是一次大胆的尝试,也是一个有意义的起点。我们将不断努力,砥砺前行,为美好的明天真挚地付出。希望得到读者朋友的理解和支持。

谢谢大家!

2021 年春于大连

前　言

生物工程,是 20 世纪 70 年代初兴起的一门综合性应用学科,应用范围十分广泛,包括医药、食品、农林、园艺、化工、冶金和环保等方面。生物工程产业的发展已对人类社会的政治、经济、军事和生活等方面产生了巨大的影响。

尽管生物工程与人类的生活密切相关,但什么是生物工程? 它与生物科学、生物技术专业有着怎样的关系? 就业和深造前景如何? 未来发展如何? 真的是网上所说的"四大天坑"之一吗? 这些问题仍困扰着莘莘学子和家长们。

为此,根据新时代的新要求,我们编写了科普读物《什么是生物工程?》一书。本书首先详细介绍了生物工

程专业的发展、知识体系、毕业生的能力要求，让学生及家长了解这个专业学什么、干什么；其次，介绍了生物工程专业在国民生产生活中的应用，包括生物能源、生物医药、生物医学材料、诊断试剂、生物农药、动植物育种、环境保护等；再次，介绍了国内外生物工程专业的优势高校及人才培养特点、就业去向等；最后，介绍了生物工程的奠基者的故事及生物工程行业代表性企业和未来的发展趋势。

全文通俗易懂，深入浅出，图文并茂，突出科普性、趣味性、可读性，用通俗、有趣的语言讲述了生物工程是什么、学什么、干什么，用身边的生活实例讲述了生物工程的基本原理、广泛应用，介绍了生物工程的发展前景以及毕业生的未来等。面向国家重大需求、面向人民生命健康，正是生物工程人的伟大使命。以生物制药、诊断试剂、疫苗生产、生物能源为代表的生物工程产业是我国的战略新兴产业，对掌握先进生物技术、工程能力和创新能力强的生物工程人才有迫切需求，目前存在巨大的人员缺口。

本书由贾凌云、袁文杰编著，冯延宾、王丽丽、杜聪参与编写。全书由袁文杰负责统稿，最后由贾凌云全面审核。编著者由衷地希望呈现给大家一本能够快速了解生物工程专业和行业发展的书籍,并吸引更多的青年学生加入这个充满前景和无限可能的专业。

在编写本书的过程中,编著者参阅了大量参考资料,受篇幅所限,未将其一一列出,在此谨向相关作者表示诚挚的谢意。

限于编著者的水平,书中难免存在不尽妥善和疏漏之处,恳请本领域的专家和广大读者给予批评指正。

编著者
2021 年 4 月

目　录

生物工程　力挽狂澜 / 1

什么是生物工程？/ 1

生物工程、生物科学和生物技术三个专业的关系 / 2

生物工程 / 2

生物科学 / 4

生物技术 / 5

生物工程的前世今生 / 6

生物工程的研究领域 / 10

生物工程与环境问题 / 10

生物工程与能源问题 / 11

生物工程与粮食问题 / 12

生物工程与人类健康 / 13

生物工程与人类社会的关系 / 14

生物工程学什么？ / 16

培养目标 / 17

培养要求 / 17

  思想政治和德育方面 / 17

  业务方面 / 18

课程体系 / 19

  通识与公共基础课程体系 / 19

  专业基础课程体系 / 20

  专业与方向课程体系 / 20

  创新创业教育与个性发展课程体系 / 20

  第二课堂课程体系 / 21

  集中实践教学课程体系 / 21

核心知识领域 / 22

  基因工程与"细胞工厂" / 22

  蛋白质工程与酶的进化 / 27

  绿色生物制造 / 33

生物工程专业应用领域 / 37

生物工程与新能源 / 37

  燃料乙醇 / 38

  生物柴油 / 39

  沼气 / 41

生物工程与化工 / 42

　生物塑料 / 43

　1,3-丙二醇 / 46

生物工程与生态环境保护 / 48

　畜禽动物养殖业废弃物无害化处理 / 48

　生物基质无害化处理 / 50

　污水的生物处理 / 50

　土壤污染的生物修复 / 51

　塑料废弃物降解 / 52

　环境检测及修复 / 53

生物工程与农业 / 56

　植物细胞工厂的构建 / 57

　微生物菌肥在农业中的应用 / 60

　微生物农药 / 62

生物工程与人类健康 / 63

　生物工程与现代食品 / 63

　生物工程与基因工程药物 / 65

　生物工程与生物医学材料 / 67

　生物工程与现代疫苗 / 68

生物工程专业优势高校 / 72

国外高校 / 73

　斯坦福大学 / 73

　麻省理工学院 / 74

哈佛大学 / 75

新加坡国立大学 / 75

帝国理工学院 / 76

国内高校 / 77

大连理工大学 / 77

上海交通大学 / 80

中国农业大学 / 82

天津大学 / 84

华东理工大学 / 86

学了生物工程能做什么？ / 88

就业分析 / 89

专业出路 / 89

国内读研/博 / 89

找工作 / 90

出国发展 / 90

领军人物 / 91

农业生物工程领域 / 91

生物防御新型疫苗和生物新药领域 / 92

食品发酵领域 / 93

生物化工领域 / 94

农药化学品生物制造领域 / 95

生物芯片领域 / 95

基因工程药物及抗体药物领域 / 96

生物医学材料领域 / 98

肿瘤治疗领域 / 99

酶工程领域 / 99

行业代表性企业 / 100

食品与发酵行业领域 / 100

基因检测与医疗领域 / 103

食品添加剂与生物制品领域 / 104

靶向药物领域 / 105

基因工程药物领域 / 106

生物制品与疫苗领域 / 106

基因治疗领域 / 107

抗体药物领域 / 110

奠基者及关键技术 / 113

列文虎克与显微镜 / 114

詹纳与免疫 / 116

巴斯德与发酵 / 117

科赫与微生物培养 / 120

弗莱明与青霉素 / 122

沃森、克里克与 DNA 双螺旋结构 / 124

屠呦呦与青蒿素 / 126

穆利斯与 PCR 技术 / 128

弗朗西斯与定向进化技术 / 130

卡彭蒂耶、杜德纳与 CRISPR 基因编辑技术 / 132

生物工程的未来：发展机遇与挑战 / 135

生物经济发展的战略需求 / 136

产业转型绿色化发展需求 / 136

资源安全与可再生清洁化需求 / 137

国民健康需求 / 137

农业新功能需求 / 138

环境可持续与国际绿色发展需求 / 138

生物经济发展的机遇 / 139

国家重视 / 139

投资者重视 / 139

技术发展成熟 / 139

人才储备量大 / 140

生物经济发展存在的挑战 / 141

技术要求高 / 141

人才素质和能力要求高 / 141

资金投入大 / 141

选择难度大 / 142

安全风险大 / 142

参考文献 / 143

"走进大学"丛书拟出版书目 / 147

生物工程　力挽狂澜

依靠科学技术进步就能养活中国。

——袁隆平

　　20世纪后半叶,生命科学各领域取得了巨大进展,特别是分子生物学的突破性成就,使生命科学在自然科学中的地位发生了革命性的变化。21世纪是生命科学的时代,它将对人类社会、经济及其他科学领域产生重大影响。生物工程,是20世纪70年代初兴起的一门综合性应用学科。20世纪90年代,诞生了基于系统论的生物工程,即系统生物工程。

▶▶什么是生物工程?

　　所谓生物工程,一般认为是以生物学(特别是其中

的分子生物学、微生物学、遗传学、生物化学和细胞学)的理论和技术为基础,结合化工、机械、计算机等现代工程技术,充分运用分子生物学的最新成就,自觉地操纵遗传物质,定向地改造生物或其功能,短期内创造出具有超远缘性状的新物种,再通过合适的生物反应器对这类"工程菌"或"工程细胞株"进行大规模的培养,以生产大量有用代谢产物或发挥它们独特生理功能的一门新兴学科。

▶▶生物工程、生物科学和生物技术三个专业的关系

生命科学是研究生命现象,生命活动本质、特征与发生、发展规律,以及各种生物之间和生物与环境之间相互关系的科学。它类似于计算机和网络科学,不仅是一门发展迅速的新兴科学,而且涉及广泛,从日常生活中的饮食到生命的起源都是其研究的范畴。因此,生命科学与其他学科间的交叉渗透也造就了许多前景无限的生长点与分支学科。

➡➡生物工程

生物工程是应用生物学、化学和工程技术等方法,按照人类需要来利用、改造和设计生物体的结构与功

能，从而经济、有效、大规模地制造人类所需各种产品的学科；是以生物技术研究成果为基础，借助工程技术实现产业化为基本任务的工学学科；是一门涉及化学、化工、生物学、机械工程、电子电气、自动化技术、材料科学等多学科交叉的新兴工程学科。其上游学科（生物科学和生物技术）的迅猛发展为生物工程奠定了良好的生物学基础。

当前，人类面临诸多亟待解决的问题，如健康、资源、环境、粮食和能源等问题，这些均依托生物工程产业的发展与支撑。生物工程产业利用不同的生物体及加工体系，既能大规模生产几万吨级氨基酸等生物产品，也能制备百克级的蛋白质等大分子药物。生物工程的研究对象包括微生物细胞、动物细胞、植物细胞以及生化物质等。生物工程专业不仅涉及生物工程设备、生产工艺、工厂设计、自动化控制等宏观工程内容，还涵盖基因、酶、细胞、代谢途径与代谢调控等分子水平的微观工程内容。上述生物工程专业主要内容包括基因工程、发酵工程、生化工程、蛋白质与酶工程、细胞工程等，其中基因工程是生物工程学科的核心。

➡➡生物科学

生物科学是自然科学的重要分支，是人们观察和揭示生命现象、探讨生命本质和发现内在规律的学科。生物科学在国家建设和国民经济可持续发展中具有战略意义和核心地位。高新生物技术及其产业已成为推动世界新技术革命的重要力量，新型的以基因、蛋白质为基础的巨大的知识经济产业已经形成，并将在 21 世纪创造越来越重要的经济、社会和生态环境效益。生物科学研究成果使相关科技产业逐步成为社会经济结构重要的支柱产业。近年来，生物科学与数学、物理学、化学、计算机科学和信息学形成各种交叉学科，使得生物科学不断涌现出新的研究领域和生长点：合成生物学、系统生物学、信息生物学、后基因组科学等。同时，由于环境恶化，资源日渐衰竭，生物物种急速消亡，人类逐渐认识到生物科学不可估量的发展前景，使生物科学受到前所未有的关注。

生物科学的主要学科涉及生物学、医学、农学等众多领域，依据生物类型、生物结构和生命运动的层次、生物功能的类型以及研究的手段等加以划分，体现为二级及以下的学科。如按照生物类型，可分为古生物学、动物学、植物学、微生物学等；按照生物结构和生命运动的层次，可分为分类学、解剖学、组织学、细胞生物学、生态学等；按照生物功能的类型，可分为生理学、免疫学、遗传学、发育生物学、神经生物学等；按照研究的手段，可分为合成生物学、计算生物学等。

➡➡ 生物技术

　　生物技术是以现代生命科学理论为基础，应用生命科学研究成果，结合化学、物理学、数学和信息学等学科的科学原理，采用先进的科学技术手段，按照应用要求预先设计、改造和利用生物体（微生物、动植物）的学科。在生命科学与技术体系中，生物技术是一门承上启下的学科，上接生物科学，下连生物工程，是将基础理论成果转化为具有应用价值的技术及产品的枢纽和桥梁。生物技术专业的特点是具有交叉性、前沿性、实践性和新颖性。交叉性不仅体现在生物学科内部的交叉，而且体现在与其他自然科学学科（化学、物理学、数学）和新兴学科（计算机科学、信息学）的交融；前沿性则表现为生物技术产业是战略性新兴产业，生物技术产品是生命科学前沿研究的最新成果；实践性反映出生物技术专业属于实验性学科的基本特征，实验技能和实践创新能力是该专业对学生的基本要求；新颖性是指生物技术能够创造出一些前所未有的、满足人们生活需要的新产品、新服务和新体验。

生物技术是全球发展最快的高新技术之一，也是21世纪的主导技术之一。按应用领域，现代生物技术可划分为医药生物技术、农业生物技术、工业生物技术和海洋生物技术等。进入21世纪以来，随着组学、系统生物学、合成生物学、干细胞生物学、脑科学、生物信息学等生命科学前沿的发展，生物技术已经成为世界各国争相优先发展的高新技术，将在解决人类面临的人口、健康、环境、粮食、资源、能源等难题方面发挥更加重要的作用。

▶▶生物工程的前世今生

在19世纪中期以前，人类没有建立生物学基本理论的知识体系。经过长期的实践，人们不自觉地掌握了利用微生物发酵食品的经验，如埃及人掌握了"面包""啤酒"制作技术，巴尔干人掌握了"酸奶"制作技术，亚述人掌握了"葡萄酒"制作技术，我国古人也掌握了"高粱酒"和"豆酱"制作技术，但这些还不能称为生物工程。生物工程专业的发展起源于20世纪40年代的发酵工程学，生物工程产品包括很多初级代谢产物，如有机溶剂，包括乙醇、丁醇等；有机酸，包括柠檬酸、乙酸、丙酸、反丁烯二酸等；多元醇，包括甘油、木糖醇等。20世纪50年代，青霉素工业成功开创液体深层发酵工艺，一大批抗生素、氨基酸、核苷酸、果胶酶等被成功研制并投入产业化生产。20世纪70年代，分子生物学的兴起和基因工程技术的诞生标志着现代生物工程产业的形成。胰岛素、干扰素等基因工程药品开始被生产，单克隆抗体的生产、动植物组织培养、转基因动植物等现代生物工程发展迅速。进入21世纪以来，基因技术、干细胞技术、生物信息学技术的发展，为生物工程专业的发展提供了强大的推动力。

中国的生物工程萌芽于20世纪初。1919年成立的中央防疫处是我国第一个生物工程研究所，规模很小，只有牛痘苗和狂犬病疫苗，还有几种灭活疫苗、类毒素和血清，但都是粗制品。中华人民共和国成立后，先后在北京、上海、武汉、成都、长春和兰州成立了生物制品研究所，建立了中央人民政府卫生部生物制品检定所（现为中国食品药品检定研究院），控制、监督生物制品质量并发放菌、毒种和标准品。后来，我国在昆明设立中国医学科学院医学生物学研究所，生产研究口服脊髓灰质炎减毒活疫苗。该所现已拥有庞大的生产研发团队，成为免疫学应用研究和计划免疫科学技术的指导中心。

随着微生物学、免疫学和分子生物学及其他学科的发展，生物工程已改变了传统概念，对微生物结构、生长

生物工程 力挽狂澜

繁殖过程、传染基因等也从分子水平进行分析。人们对微生物的遗传基因已有了进一步认识，可以用人工方法进行基因重组，将所需抗原基因重组到无害且易于培养的微生物中，改造其遗传特征，在培养过程中产生所需的抗原。这就是基因工程，由此可研制一些新的疫苗。20世纪70年代，细胞杂交瘤技术兴起，用传代的瘤细胞与可以产生抗体的脾细胞杂交，可以得到一种既可传代又可分泌抗体的杂交瘤细胞，所产生的抗体称为单克隆抗体，这一技术属于细胞工程。这些单克隆抗体可广泛应用于诊断试剂，有的也可用于治疗。随着科学技术的突飞猛进，生物制品不再单纯应用于预防、治疗和诊断传染病，其应用范围已扩展到非传染病领域，如心血管疾病、肿瘤等，甚至突破了免疫制品的范畴。

1994年，曾邦哲提出系统生物工程的概念，基于系统生物学的生物工程技术（包括合成生物学开发细胞计算机、生物反应器与生物能源技术等）成为21世纪的前沿技术。生物工程包括五大工程，即遗传工程（基因工程）、细胞工程、微生物工程（发酵工程）、酶工程和生物化学工程。在这五大工程中，前两者的作用是将常规菌（或动植物细胞株）作为特定遗传物质受体，使它们获得外来基因，成为能表达超远缘性状的新物种——"工程菌"或"工程细胞株"。后三者的作用则是为这一有巨大潜在价值的新物种创造良好的生长与繁殖条件并进行大规模培养，以充分发挥其内在潜力，为人们提供巨大的经济效益和社会效益。生物工程的应用领域非常广泛，包括农业、工业、医学、药物学、能源、环保、冶金、化工原料和动植物养殖等。它将对人类社会的政治、经济、军事和生活等方面产生巨大的影响，为世界面临的资源、环境和人类健康等问题提供解决方案。

生物工程专业的前身是生物化工专业，1985年由欧阳平凯院士创建。1998年，教育部为了顺应新形势的发展，在高等院校学科调整时新增了生物工程本科专业，将过去属于化工、轻工、医药等学科下的生物化工、发酵工程、微生物制药等专业统一为生物工程学科，生物工程专业由此开始蓬勃发展。自1998年正式设立以来，生物工程专业发展迅速，全国办学点数从1998年的57个发展为目前的300多个，招生人数从1998年的2 000多人到目前的30多万人，为生物工程领域的发展培养了大量的专业人才。

生物工程一级学科博士点于2018年首批设立，目前上海交通大学、大连理工大学、华中农业大学、华东理工大学、北京化工大学等设有生物工程一级学科博士点，引

生物工程 力挽狂澜

领全国生物工程专业发展。

▶▶生物工程的研究领域

生物工程的研究领域十分广泛，包括医药、食品、农林、园艺、化工、冶金、采油、发酵、环保等方面，为解决目前人类面临的五大问题（人口膨胀、资源短缺、能源危机、粮食不足、环境污染）提供了解决方案。

➡➡生物工程与环境问题

在工业化过程中，人类由于对环境与发展的问题处理不当，尤其是不合理地开发利用自然资源，造成全球性环境污染和生态破坏，对自身的生存和发展构成了威胁。生物工程在诸多方面有助于这个问题的解决。目前，生物工程已经应用于环境工程领域，包括废物的高效生物处理、污染事故的现场补救、污染场地的现场修复、可降解材料的生物合成等。具体内容包括构建高效降解杀虫剂、除草剂、多环芳烃类化合物等污染物的高效基因工程菌和具有抗污染特性的转基因植物，无废物、无污染的"绿色"生产工艺，高效污水处理生物反应器，废物资源化及其他环境监测技术等。以上内容涉及 DNA 重组技术、固定化技术、高效反应器技术等单元技术及其技术组合的应用。

➡ ➡ 生物工程与能源问题

当今人类社会面临着严重的资源压力。我们应该十分清醒地意识到"一次性能源的末日已经不远"已成为一个无须争论的问题。目前,石油年开采量逐年增长,石油储量或将面临告罄危机。石油在交通运输能源结构中约占 97％,随着石油资源的枯竭,政府或工业部门正在十分积极地开发交通运输的替代燃料。一个正在成长、但尚存争议的替代燃料是发酵法生产的燃料乙醇。任何农业国家都可以用现行技术生产燃料乙醇,其中美国发酵生产燃料乙醇的原料是玉米中的葡萄糖,而巴西则是蔗糖。汽车制造商目前生产的汽车可以使用燃料乙醇和普通汽油按一定比例混配所形成的乙醇汽油作为燃料。可通过预处理、酶的应用和发酵工艺的改进,把各种农业"下脚料",诸如玉米、稻、麦秸秆、甘蔗等废料,以及废纸等被统称为"生物质"的一些物质转化为燃料乙醇。

现代化工中差不多全部人工高分子聚合物的初始原料都来自石油或煤炭。全球庞大的化学工业对一次性矿业资源的过分依赖,使人类社会所面临的资源短缺形势更加雪上加霜。来自不同国家的科学家一致认为:一个

生物工程 力挽狂澜

全球性的产业革命正在朝着以碳水化合物为基础的方向发展。科学家预测：当今高分子化工的碳氢化合物时代将逐步让位于碳水化合物时代。目前正在开发的多聚乳酸、多聚赖氨酸、多聚羟基丁酸、燃料乙醇及各种功能寡糖等可视为这个碳水化合物时代来临的前奏。

➡➡生物工程与粮食问题

随着世界人口的增长，粮食和饲料不足的情况日益严重。据统计，目前世界上还有近十亿人吃不饱或营养不良。单是蛋白质一项，每天就短缺上千万吨。生物工程在解决这一难题上取得了举世瞩目的成就并具有广阔前景。从20世纪80年代初美国科学家获得第一株转基因植物到现在，生物工程迅猛发展，日新月异，成为高新技术领域中进展最快的领域之一。到目前为止，已有大量的转基因工程植物（包括大多数农作物）从实验室走进了田地，甚至有不少转基因工程产品已成为商品，进入市场。转基因技术指将人工分离和修饰过的基因导入目标生物基因组中，使目标生物表现出特定性状的技术，可打破物种界限，跨物种转移基因，解决常规方法不能解决的重大生产问题。近年来，转基因产品研发由单一性状向多基因叠加复合性状改良发展，更加注重质优、营养功能强、抗旱、养分高效利用等性状，产品用途由非食用或间接食用作物向直接食用作物拓展。我国转基因技术研发水平已进入国际第一方阵，建立了水稻、小麦、玉米、大豆、棉花、油菜、鱼等动植物的规模化转基因技术体系。此外，随着技术发展，作为一种对靶标基因进行定向、准确修饰的革新性生物技术，基因编辑技术也已广泛应用于主要农作物、畜禽、林草花卉等种质资源创制与性状改良。现已获得抗旱高产玉米、抗病小麦和水稻、品质改良大豆、抗腹泻猪、抗蓝耳病猪等基因编辑作物和动物。

➡➡生物工程与人类健康

医药生物技术提高了人民的健康水平，延长了平均寿命，使优生优育成为可能。人类60％以上的生物技术成果集中应用于医药工业，引起了医药工业的重大变革，生物制药得以迅速发展。生物制药是利用现代基因工程技术，通过对微生物的 DNA 进行重组，生产出药理活性高、毒副作用小的药品，或以微生物、寄生虫、动物毒素、生物组织为起始材料，采用生物学工艺或分离纯化技术制备并以生物技术和分析技术控制中间产物和成品质量制成生物活化制剂。生物制药技术作为一种高新技术，是 20 世纪 70 年代伴随着 DNA 重组技术和细胞杂交瘤技术的发明和应用而诞生的。目前生物制药产品主要包括三大类：基因工程药物、生物疫苗和生物诊断试剂，已

生物工程 力挽狂澜

广泛用于治疗癌症、糖尿病、艾滋病、血友病、囊性纤维变性和一些罕见的遗传疾病，在保护人类健康、延长寿命中发挥着越来越重要的作用。我国大力支持生物医药、生物育种、生物医学工程高新技术产业化专项以及国家生物产业基地公共服务条件建设专项的建设。2015 年，已有 80 多个地区（城市）建有医药科技园、生物园、药谷，而且各地新开发的高科技产业园区很多都将生物产业作为重点引驻对象。其中中关村国家自主创新示范区、张江生物医药基地、苏州生物医药产业园、武汉国家生物产业基地、广州国际生物岛和成都天府生命科技园等是国内生物医药产业园区的典型代表。

▶▶生物工程与人类社会的关系

近年来，生命基础学科发展推动了诸如合成生物学、系统生物学等新兴学科的发展，也推动了基因工程蛋白质、抗体疫苗、生物制品、天然植物活性成分等产品的大规模生产，从而催生了新兴生物工程产业。而以抗生素、酶制剂、维生素、有机酸、氨基酸、天然药物、大宗生化产品等为基础的传统生物工程产业，也已成为我国产业结构调整的战略重点和新的经济增长点，对人类社会将产生更重要的影响，图 1 为生物工程研究过程。

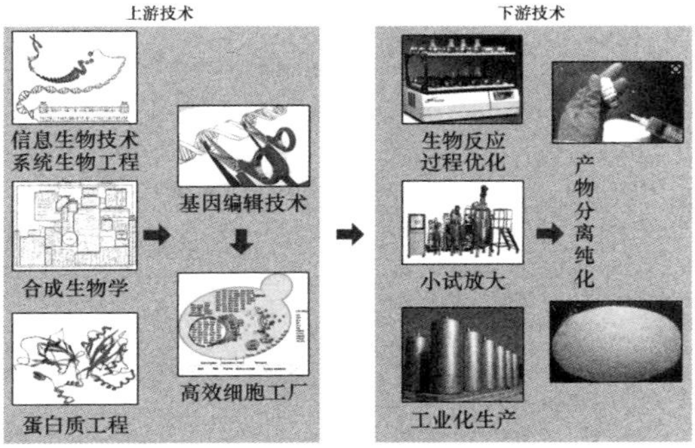

图 1　生物工程研究过程

　　生物工程产业正广泛渗透到人类经济、社会、文化、军事、政治等领域,对人类伦理、法律、环境、安全、国际关系等领域的影响越来越大。医疗保健药品、转基因植物和动物、绿色食品、美容化妆品、精细化工产品、生物芯片、生物电子元器件、各种工业用酶等,在全球范围内呈现出不可逆转的蓬勃发展趋势。新一轮生物科技变革,在和平与发展这两个重大问题上,在塑造人类命运共同体进程中,扮演着重要和关键的角色,与人类社会未来前途和命运息息相关。21世纪,生命科学已成为科学主流,与数学、物理、化学、信息、计算机等多种学科交叉,必将开辟新的研究和应用领域,促进人类社会发展。

生物工程学什么？

科学的真正的与合理的目的在于造福于人类生活，用新的发明和财富丰富人类生活。

——培根

为主动应对新一轮科技革命与产业变革，2017年，教育部积极推进新工科建设。

新工科建设，是应对新经济的挑战，从服务国家战略、满足产业需求和面向未来发展的高度，在"卓越工程师教育培养计划"的基础上，提出的一项持续深化工程教育改革的重大行动计划。"新工科人才"是适应并满足未来新兴产业和新经济需要的，具有更强实践能力、创新能力、国际竞争力的高素质、复合型人才。

生物工程专业是新工科重点建设专业。

▶▶ 培养目标

生物工程专业的培养目标是：通过各种教育教学活动培养德智体美劳全面发展，具有健全的人格，正确的世界观、人生观和价值观，具备良好的人文社科基础知识和人文修养，具备生物学与工程学基本知识，掌握生物产品大规模制造的科学原理，熟悉生物加工过程、流程与工程设计等基础理论和技能，能在生物工程领域从事设计、生产、管理和新技术研究、新产品开发的工程技术人才。

▶▶ 培养要求

➡➡ 思想政治和德育方面

具备正确的政治方向，正确的世界观、人生观和价值观，拥有健全的人格，爱国、诚信、友善、守法；

具有高度的社会责任感；

具备良好的科学、文化素养；掌握科学的方法论，具有可持续发展观念和国际化视野；

具有健康的体魄、良好的心理素质、积极的人生态度和团队合作精神；

能够适应科学和社会的发展。

➡➡ **业务方面**

系统掌握生物工程的基础知识和基本理论；

熟练掌握发酵工程、基因工程、生物反应工程、生物分离工程、生物工程设备等生物工程实验与操作的基本技能；

掌握本专业所需的数学、物理学、化学、信息学、化学工程等学科的基本知识；

掌握扎实的生物学相关基础知识；

熟悉生物工程及其产业的相关方针、政策和法规；

初步掌握生物工程研究的方法和手段，初步具备发现、提出、分析和解决生物工程相关问题的能力；

具备良好的自学习惯和能力，较好的表达交流能力，一定的计算机及信息技术应用能力，自主学习、自我发展能力；

具有一定的国际视野，一定的外语应用能力和跨文化交流与合作能力；

具有一定的创新意识、批判性思维和可持续发展理念,具有生物工程实践和技术革新能力。

▶▶课程体系

生物工程专业的学分要求,每所高校有所不同,大致为 160~180 学分,包括:通识(≥15%)与公共基础课程体系(≥15%);专业基础课程体系、专业与方向课程体系(≥30%);创新创业教育与个性发展课程体系(>5%);第二课堂课程体系(>5%);集中实践教学课程体系(≥25%)。

➡➡通识与公共基础课程体系

高等教育的根本任务和时代使命是立德树人,工程技术人才要掌握过硬的工程专业知识和技能,同时要具备全面的人文德育科学综合素养。生物工程专业开设系列通识与公共基础课程体系,包括思想道德修养与法律基础、中国近现代史纲要、毛泽东思想和中国特色社会主义理论体系概论、马克思主义基本原理、军事理论、大学英语、大学计算机及程序设计基础、高等数学、线性代数、概率论与数理统计、大学物理、体育、大学生心理健康教育、形势与政策等课程。

➡➡**专业基础课程体系**

专业基础课程体系包括专业学科基础课程和工程基础教育课程，主要有无机化学、有机化学、有机化学实验、物理化学、物理化学实验、分析化学、化工原理、化工原理实验、动物学、动物学实验、生物化学、生物化学实验、植物学、植物学实验、电工技术、电工学实验、生物工程与技术导论等课程。

➡➡**专业与方向课程体系**

根据《普通高等学校本科专业类教学质量国家标准》，生物工程专业与方向课程体系主要包括微生物学、细胞生物学、发酵工程、细胞工程、酶工程、合成生物学、基因工程原理与技术、生物工程设备基础、生物分离工程、生物反应工程等课程。

➡➡**创新创业教育与个性发展课程体系**

创新创业教育与个性发展课程体系充分考虑学生的个性化发展，学生可根据毕业后的就业方向、兴趣爱好等选择相关的课程。该课程体系主要有生物信息学、抗体工程、生物制药技术、生物统计学、生物仪器分析、生物物理学、海洋生物技术等课程。

➡➡第二课堂课程体系

第二课堂课程体系既包括基础科学、艺术与人文科学、经济与管理和兴趣体育等方面的多种选修课程,也包括培养学生创新创业能力和绿色工业意识的选修课程,如健康教育、社会实践、社团活动、讲座、体育劳动等课程。

➡➡集中实践教学课程体系

生物工程是以应用为主的工程类专业,学生不仅要掌握丰富的专业和工程基础理论知识,同时也要掌握必需的实验操作和实践技能,才能具备解决复杂生物工程问题的能力。集中实践教学课程体系既有课程内的实验教学环节,也有课程外的集中实践教学过程,包括微生物学实验、基因工程实验、细胞工程实验、生物分离工程实验、发酵工程实验、生物工程综合实践、认识实习和生产实习、毕业设计等课程。此外,该专业还设置了跨学科交叉课程、个性化发展课程、创新创业训练计划及创新创业教育课程等。

▶▶ **核心知识领域**

生物工程是以生物化学、分子生物学、微生物学、合成生物学等学科前沿理论为基础,由基因工程、细胞工程、发酵工程、酶工程、生物反应工程以及生物分离工程等工程学科相互交叉、渗透、融合并发展而成的新兴工程学科,是生命科学前沿科学成果产业化的基础,是理论研究通向规模化工业生产的纽带。

➡➡ **基因工程与"细胞工厂"**

✤✤ **什么是基因工程?**

基因工程利用重组 DNA 技术,在生物体外通过"剪切"和"拼接"等基因操作方法,对生物的基因进行人工改造和重新组合,然后导入受体细胞或生物体进行复制、转录、翻译,使得重组基因在受体细胞内进行表达,进而生产人类预期的基因产物。应用重组 DNA 技术可以按照人类的意愿,在基因水平改变生物的遗传性状并获得期望的产品。

DNA 分子双螺旋结构的发现标志着生命科学的基础研究进入工程化阶段,近年来基因工程发展迅速,对科学研究和工程应用产生了深远的影响。基因工程可运用预先设计的重组 DNA 改变细胞功能,按照人类设计获取表达产物。

目前基因工程已经深入发展到细菌、植物及动物等多个研究领域,并且取得了系列突破性应用成果。在细菌研究领域,运用基因工程研究得到的工程菌可以生产提取胰岛素、重组凝血因子、生长激素等蛋白质或多肽药物,其在糖尿病等重大疾病治疗方面取得了良好的效果。在植物研究领域,基因工程通过改变植物基因型及表型,增强植物的抗病虫害能力;对于农耕作物,基因工程还可增强其抗病虫害能力,有助于在提升产量的同时减少农药的使用。在动物研究领域,基因工程将能够实现特定表达的特定基因,通过转基因技术转入动物体内,使其成功表达出新的特征,可用于识别动物发育过程中的基因及其活动,也可测定与动物发育相关的未知领域基因的表达特性。此外,基因工程在临床诊断、基因治疗等方面也发挥着重要作用。随着时代的不断发展,现阶段生物基因工程已经成为生命科学研究中不可或缺的重要组成部分。

❖❖什么是合成生物学?

合成生物学基于系统生物学的遗传工程和工程方法

的人工生物系统研究，从基因片段、DNA分子、基因调控网络与信号传导路径到细胞的人工设计与合成，将工程学原理与方法应用于遗传工程与细胞工程等生物技术领域。通俗地讲，合成生物学是指人们将基因连接成网络，让细胞来完成设计人员设想的各种任务。

合成生物学于21世纪初应运而生，成为近年来发展最为迅猛的新兴前沿交叉学科之一，已展示出其强大的设计能力和重要的工程使命。它在系统生物学基础上，通过对基因工程、代谢工程等技术基础的整合，利用"自下而上"系统设计、模块合成、定量测试的工程化研究理念，实现对生命过程或生物体有目标的设计、改造乃至重新合成，通过建立化学品生物制造新途径，从医药和诊断入手，发展到生物制造，辐射到农业、能源和环境科学技术领域，创造针对生物医药、环境能源、生物材料等问题的新"生命体系"。合成生物学正在引发新一轮工程技术革命的浪潮，因此被认为将带来继分子生物学革命和基因组学革命之后的第三次生物科学革命，推动人类实现从"认识生命"到"设计生命"的伟大跨越。在推动科学革命的同时，合成生物技术正快速向实用化、产业化方向发展。传统植物源化学品、石化产品、新材料、新燃料等可通过合理运用合成生物技术实现高效合成。

为加速推进合成生物学在全球的推广与发展,由麻省理工学院倡导的国际基因工程机器大赛(iGEM)已发展成为合成生物学领域的国际顶级大学生科技赛事。该大赛致力于教育和竞争,促进合成生物学的发展,发展开放的社团与合作。这项国际性大赛旨在鼓励创意创新、学科交叉,同时也积极关注合成生物学与生产实际、社会问题之间的紧密联系。国内已有100多所高校组团参加该项国际赛事。在参赛期间,来自世界各地的学生队伍围绕特定主题,针对能源、医疗、环境等不同应用领域确立自己的项目,设计模型并利用实验验证。通过多轮海报展示和项目演讲,评选出金、银、铜奖以及多个单项奖。历年来,多个参赛队伍的相关研究成果在 *Science*、*Nature* 等国际顶级学术期刊上发表,展现了大赛高水平的科研水准与创新价值,也推动了合成生物学的快速发展。

❖❖❖ 如何利用基因工程和合成生物学制造"细胞工厂"?

生物制造技术是综合运用现代制造科学和生命科学的原理和方法,利用细胞或酶本身具有的或经改造后获得的生理代谢功能或催化功能,以生物技术的手段取代原本物理或化学等方式制造产品的技术。生物制造技术突破了传统物理化学制造技术的界限,极大地提高了人

生物工程学什么?

类改造自然、制造产品的能力，并因其低碳循环、高效清洁等优势，已成为当今世界各国技术竞争的制高点和产业经济发展的战略重点。

以基因工程和合成生物学为基础的"细胞工厂"设计的兴起与迅猛发展掀开了生命科学研究的崭新一页。其主要目标之一是重构生命或将已有细胞改造为"超级细胞工厂"。其"人造生命"的基本特征就是在接收人类特定的信号输入后，获得可控且稳定的输出。相比于传统的物理装置或化学转化，合成生命更加智能、高效而且温和，并具有按人类意愿不断"进化"的潜能。近年来，新兴生物制造技术发展迅速，并相继在能源、材料、环境、医药等关系到国计民生的重大领域取得了令人瞩目的科研成果。当前的主要研究方向包括元件的挖掘鉴定、底盘细胞的优化、基因线路的设计－组装－检测等。同时，天然宿主的合成生物学改造以及无细胞体外合成系统在生物制造领域也具有不可或缺的地位。美国合成生物学家杰伊·卡斯林设计构建了能够生产抗疟药物青蒿素的人工酵母细胞，其技术能力已能够以 100 立方米工业发酵罐替代 50 000 亩的农业种植，成为合成生物技术重要应用的典型案例。

➡ ➡ 蛋白质工程与酶的进化

✢ ✢ 什么是酶？

酶是由活细胞产生的、对其底物具有高度特异性和高度催化效能的蛋白质或 RNA。按照酶的化学组成可将酶分为单纯酶和结合酶两类。单纯酶分子中只有由氨基酸残基组成的肽链。结合酶分子中除了有由多肽链组成的蛋白质，还有非蛋白质成分，如金属离子、铁卟啉或含 B 族维生素的小分子有机物等。对需要辅助因子的酶来说，辅助因子也是活性中心的组成部分。

当前生物酶已经同我们的日常生活和工业生产息息相关。酶在畜牧业领域中的应用可以追溯到 19 世纪，主要应用在多种畜牧饲料中，常使用的生物酶有微生物复合酶、淀粉酶等，其在促进动物成长、提升饲料使用效率、增强动物免疫力等方面发挥着重要的作用。除此以外，在一些存活率较低的幼小动物中使用生物酶饲料，可以提升动物存活率，为畜牧业的可持续发展奠定坚实的基础。在遗传育种上，生物酶可以作为标记物来确定植物在种群中的亲缘系统，因此在农业生产中可以据此来培育良种，提高农业生产质量。在酿酒工业中，麦芽是啤酒生产的主要原料，工业生产过程中如果存在麦芽质量欠

佳或大米等辅助原料使用量较大的情况，就会造成淀粉酶、β-葡聚糖酶、纤维素酶活力不足，因此啤酒酿造过程中会出现不能充分糖化、蛋白质降解不足的情况，使啤酒的风味和吸收率受到一定的影响。在酶工程技术的支持下，可以将微生物淀粉酶、蛋白酶、β-葡聚酶等制剂加入酿酒的生产过程中，能够避免麦芽中酶活力不足的缺陷出现，进而改善啤酒的风味，提高吸收率。

❖❖什么是蛋白质工程？

蛋白质是生命活动存在的物质基础和执行者，同时也是诊断疾病、治疗疾病的物质基础和药物。生物体内存在的天然蛋白质，有的往往不尽如人意，需要进行改造。蛋白质是由许多氨基酸按一定顺序连接而成的，每一种蛋白质都有自己独特的氨基酸序列，所以改变其中关键的氨基酸就能改变蛋白质的性质。氨基酸是由三联体密码决定的，只要改变构成遗传密码的一个或两个碱基，就能达到改造蛋白质的目的。

蛋白质工程是根据人们的需要，在基因重组技术、生物化学、分子生物学、分子遗传学等学科的基础之上，融合了蛋白质晶体学、蛋白质动力学、蛋白质化学和计算机辅助设计等多学科而发展起来的新兴学科。一般认为蛋白质工程通过基因重组技术改变或设计合成具有特定生物功能的蛋白质。实际上,蛋白质工程包括蛋白质的分离纯化,蛋白质的结构和功能分析,蛋白质的设计和预测,通过基因重组或其他手段改造或创造蛋白质。从广义上说,蛋白质工程是通过物理、化学、生物和基因重组等技术改造蛋白质或设计合成具有特定功能的新蛋白质,并利用基因工程的手段,在目标蛋白质的氨基酸序列上引入突变,从而改变目标蛋白质的空间结构,最终达到改善其功能的目的。传统的蛋白质工程手段大多通过引入随机突变来改造目标蛋白质,随着计算机技术和生物信息学技术的飞速发展,计算机模拟被越来越多地应用到蛋白质工程中,从而衍生出半合理化设计、合理化设计等多种新的蛋白质工程手段。

例如重组人胰岛素的制造。重组人胰岛素的制造是人类历史上生物技术应用性研究的重要成果之一,也是美国食品药品监督管理局批准上市的第一个基因工程药品。随着 DNA 重组技术的发展,现在人们已能大规模生产重组人胰岛素。为了研究胰岛素结构与功能的关系和改善胰岛素的治疗学性质,需要制备各种各样的胰岛素类似物,而胰岛素蛋白质工程技术则是当前用来获得这些类似物的新技术和主要途径。多种胰岛素类似物及不

生物工程学什么?

同位点蛋白质工程突变体的胰岛素已被获得，在这些类似物中，有些表现出比天然胰岛素更优越的性质，展现出光明的临床应用前景；有些则对阐明胰岛素的结构与功能关系、作用机制和细胞信号转导的分子基础具有重要意义。从临床应用角度出发，人们主要研究和发展速效、长效和高效胰岛素类似物；从基础理论研究角度出发，与胰岛素受体结合部位相关的胰岛素类似物是研究的热点。

❖•❖ 如何利用蛋白质工程开发高效的酶？

随着时代的快速发展和科学技术的飞速进步，酶工程及蛋白质工程技术在生物药物研发领域中的应用越来越广泛，其作为生物工程技术的重点研究对象之一，在了解蛋白质结构与工程的前提下，合理应用生物学相关知识，能够对蛋白质实现特异性改造，进而获得具有新的特性的蛋白质。蛋白质工程技术一般是对已经存在或人们已经发现的其他蛋白质采取模式分析或者分子进化的措施，实现有针对性的改造或优化，在生物药物研究领域中具有极高的价值。

定向进化，通过建立突变体文库与高通量筛选方法，快速提升蛋白质的特定性质，是目前蛋白质工程中最为常用的蛋白质设计改造策略。随着计算机运算能力持续提升、先进算法相继涌现，以及蛋白质序列特征、三维结构、催化机制之间关系不断被挖掘和解析，计算机辅助蛋白质设计策略得到前所未有的重视和发展，人类迎来了蛋白质从头设计的时代。蛋白质计算设计一般以原子物理、量子物理、量子化学揭示的微观粒子运动、能量与相互作用规律为理论基础，也有部分研究以统计能量函数为算法依据。研究者在计算机的辅助下，通过运用分子对接、分子动力学模拟、量子力学方法、蒙特卡罗模拟退火等系列计算方法，预测并评估数以千计的突变体在结构、自由能、底物结合能等方面的变化。基于计算结果，从中筛选可能符合改造要求的突变体并进行实验验证，再根据实验结果制订下一轮计算方案，循环往复直到获得符合需求的酶。与定向进化相比，蛋白质计算设计可提供明确的改造方案，大幅降低建立、筛选突变体文库的工作量，目前已在蛋白质从头设计、酶的底物选择性与热稳定性设计等方面取得了令人瞩目的成绩。

如水蛭素是一种由 65～66 个氨基酸组成的蛋白质，由水蛭唾液腺分泌，是一种凝血酶抑制剂。科学家对它进行改造以提升抗凝血效果。当科学家把第 47 位的天冬酰胺改变为赖氨酸或者精氨酸时，水蛭素在试管中的

抗凝血效率提升了 4 倍；在动物模型上检验其抗血栓形成的效果，发现其效率提升了 20 倍，比肝素还要高 5 倍。

再如，生长激素对于人体的生长和发育至关重要，要与特定的受体结合才能进入细胞发挥作用。研究表明，生长激素既可以与生长激素受体结合，又可以与许多不同细胞类型的催乳激素受体结合。在治疗过程中，如果想要尽量避免出现副作用，就必须使生长激素只与生长激素受体结合，而尽量减少其与其他细胞类型的激素受体结合的可能性。人们通过结构分析发现，人的生长激素与生长激素受体的结合区域和生长激素与催乳激素受体的结合区域有一部分重叠，但并不完全相同。因此，可以选择性地降低人的生长激素与催乳激素受体结合的活性，而不影响它与生长激素受体结合的活性。这可以通过蛋白质工程定点突变来完成。人的生长激素和催乳激素受体的高亲和性必须有锌离子的参与，而它和生长激素受体结合则不一定需要锌离子，通过锌离子的调节可以使人的生长激素只结合生长激素受体而不结合催乳激素受体。

蛋白质工程经历了迅速发展的 30 多年，相关研究两次获得诺贝尔化学奖（1993 年授予史密斯教授及 2018 年授予弗朗西斯教授）。从早期的定向进化、半合理化设计到如今的合理化设计,每个阶段均涌现了一系列广泛应用的改造策略和技术,同时对计算技术的依赖也逐渐加深。如今,数据驱动的人工智能技术正在全球范围内蓬勃兴起,为蛋白质设计改造注入了新活力。我们应把握好这一发展机遇,应用人工智能在蛋白质设计改造领域的基础,通过开发具有自主知识产权的蛋白质计算设计新技术,满足工业界绿色、节能、环保转型升级需求,共同谱写出蛋白质工程领域的新篇章。

➡➡ 绿色生物制造

✤✤ 什么是生物制造?

生物制造是以工业生物技术为核心技术手段,改造现有制造过程或者利用生物质、二氧化碳等可再生原料生产能源、材料与化学品,实现原料、过程及产品绿色化的新模式。生物制造作为生物技术产业的重要组成部分,是生物基产品实现产业化的基础平台,也是生物工程等科学创新在具体过程中的应用。我国是世界制造强国,践行"绿色发展"理念,生物制造是重要的突破口。生物制造将从原料源头上降低碳排放,通过工业生物技术实现绿色清洁的生产工艺,是传统产业转型升级的"绿色动力"。绿色生物制造是资源与环境可持续发展的最好

路径之一，也是生物工程发展前景的应用方向。

生物发酵是生物制造产业的重要组成部分之一，涉及的产品主要包括传统发酵产品、新型发酵产品、抗生素、生物农药等，其中新型发酵产品包括氨基酸、有机酸、酶制剂、酵母、淀粉糖、多元醇、功能发酵制品等。现代工业生物技术和新型化工技术交叉融合、互相集成，用以开发医药化学品、食品和饲料添加剂、农药及其中间体、日用化学品、香精香料、工业助剂等精细化学品，可减少传统化学品的使用，降低原材料、水和能源消耗，改善生产条件，简化工艺过程，避免或减少副产物的生成以及减少废物排放，保护生态环境。

生物基材料主要指以谷物、豆科、秸秆、竹木粉等可再生生物质为原料制造的新型材料和化学品等，包括利用生物基化工原料、生物基塑料、生物基纤维、生物基橡胶以及生物质热塑性加工得到的塑料材料等。生物基材料产业由于其绿色、环境友好、资源节约等特点，正在成为一个加速成长的新兴产业。此外，生物能源是目前世界上应用最广泛的可再生能源，全球可再生能源的77％来源于生物能源。近年来，燃料乙醇、生物柴油、藻类燃油、航空煤油等液体生物燃料和生物制氢等在研发和产业应用方面不断取得进展。

除上述以生物技术产品开发生产为主要目标的行业外，生物制造产业还涉及 DNA 合成、微生物及酶定制等技术服务。近年来，合成生物学研究不断取得突破，先进工业生物技术快速发展，推动生物制造成为重新定义绿色产品和生产方式，开启下一代生物经济的重要产业突破口。生物制造已成为世界主要发达经济体科技产业布局的重点领域之一。

❖❖如何进行绿色生物制造？

生物制造是全球新一轮科技革命和产业变革战略制高点，是未来生物经济的主导力量。生物技术不断从医药、农业和食品领域向工业领域，如化工、材料及能源等领域转移，汽油、柴油、塑料、橡胶、纤维以及许多大宗的传统石油化工产品，正在不断地被来自可再生原料的工业生物制造产品所替代，高温、高压、高污染的化学工业过程，正不断地向条件温和、清洁环保的生物加工过程转移。现代生物制造产业正在加速形成与发展，一个大规模的生物产业即将到来。世界经济论坛发布的报告显示，利用可再生的原料生产生物基产品是未来新兴生物经济的重要特征。

依据我国科学技术部 2020 年确定的绿色生物制造

的发展方向，总体目标是以"绿色发展"理念为指导，聚焦生物技术在产业提升中的重大需求，以产业化为导向，重点围绕生物催化剂的创制，进行基础研究—技术创新—产业示范的全链条设计；揭示生物制造"芯片"——核心工业酶和工业菌种的设计原理等基本科学问题，构建具有自主知识产权的核心生物催化剂，建立现代生物制造产业的支撑技术与装备体系，打破国外专利壁垒，解决我国生物制造产业的核心技术供给问题；实现大宗化工产品和化工聚合材料的万吨级生物制造生产及精细化学品生物合成路线产业化，解决一批关键短板化工产品的供应瓶颈；建立生物制造技术在发酵、化工、制药、纺织、饲料、食品等行业的应用，形成绿色产业园区示范，取得显著的经济效益和环境效益；建立引领未来的生物制造前沿技术系统，抢占新一代产业制高点，为创造以生物质为基础原材料的新型生物制造产业链和绿色低碳生物经济格局奠定技术基础。

生物工程专业应用领域

科学本身并不全是枯燥的公式，而是有着潜在的美与无穷的趣味，科学探索本身也充满了诗意。

——周培源

▶▶生物工程与新能源

资源和能源是人类社会生存和发展的永恒需求，当前用以支撑全球经济发展的石油资源及能源供应正面临严峻挑战。据国际能源组织多次评估，再过 50 年左右，石油的大规模工业化开采将趋于结束。我国的石油资源更是匮乏，可开采时间将更短，预计只有 30 年左右。石油资源替代和新能源开发已经成为可持续发展的重大战略需求。

生物能源是通过植物的光合作用把太阳能以化学能的形式储存于生物质中的一种能源。生物能源的定义告诉我们,生物能源间接或直接地来自植物的光合作用,生物能源的载体是生物质。生物质包括薪柴、农林作物、农作物残渣、动物粪便和生活垃圾等。与石油、煤等矿物能源相比,生物能源最大的特点是可再生性。人们可以通过种植植物或饲养动物可持续地获得生物燃料,然后通过一定的生物技术把这些生物燃料转化为洁净的生物能源。地球上每年通过种植植物来获得的生物燃料量极大,所以发展生物能源有着极大的潜力。生物能源主要可分为三种类型:燃料乙醇、生物柴油和沼气。

➡➡燃料乙醇

燃料乙醇,一般是指体积浓度达到 99.5% 及以上的无水乙醇。燃料乙醇是可再生能源和优良的燃油品改善剂。燃料乙醇主要使用糖质和淀粉质为原料,原料资源的供给情况决定了燃料乙醇产业发展的规模和水平。巴西适于甘蔗种植,糖质原料资源丰富。制糖工业副产的大量糖蜜是生产燃料乙醇的良好原料,制糖、燃料乙醇生产和蔗渣发电形成了良好的产业链,为经济和社会的可持续发展做出了突出贡献。而且燃料乙醇和糖产量之间的相互调节,稳定了国际市场的食糖价格,有效保护了巴西的甘蔗种植业。美国农业发达,玉米产量全球第一,近年来国际石油价格波动和政府对燃料乙醇产业的优惠税收政策,使燃料乙醇产业得到了前所未有的发展。中国燃料乙醇产业起步较晚,但发展迅速,燃料乙醇在中国具有广阔前景。随着国内石油需求的进一步提高,以燃料乙醇等替代能源为代表的能源供应多元化战略已成为中国能源政策的一个发展方向。中国已成为世界上继巴西、美国之后的第三大燃料乙醇生产国和应用国。

2002 年至 2012 年,国内燃料乙醇行业发展迅速,年产量从 3 万吨增长到 207 万吨。2017 年 9 月,《关于扩大生物燃料乙醇生产和推广使用车用乙醇汽油的实施方案》发布;2018 年 8 月,国务院常务会议又确定了《全国生物燃料乙醇产业总体布局方案》,为产业发展带来新契机。

➡➡生物柴油

生物柴油是以大豆和油菜籽等油料作物、油棕和黄连木等油料林木果实、工程微藻等油料水生植物以及动物脂肪、废弃油脂等原料制成的液体燃料。它是优质的石油柴油替代品,是绿色能源。

化学法合成生物柴油是选用生物油脂与甲醇或乙醇

生物工程专业应用领域

等低碳醇，使用氢氧化钠（占油脂质量的1％）或醇甲钠作为触媒，在酸性或者碱性催化剂和高温（230～250 ℃）下发生酯交换反应，生成相应的脂肪酸甲酯或乙酯，再经过洗涤、干燥制得的。甲醇或乙醇在生产过程中可循环使用，生产设备与一般制油设备相同，生产过程中产生10％左右的副产品甘油。

化学法合成生物柴油有以下缺点：反应温度较高，工艺复杂；反应过程中使用过量的甲醇或乙醇，后续工艺必须有相应的醇回收装置，处理过程繁复、能耗高；油脂原料中的水和游离脂肪酸会严重影响生物柴油的得油率及质量；产品纯化复杂，酯化产物难以回收；反应生成的副产物难以去除；使用酸碱催化剂产生的大量废水、废碱（酸）液排放到环境中容易造成二次污染等。

"工程微藻"生产柴油，为生物柴油生产开辟了一条新的技术途径。美国国家可再生能源实验室通过现代生物技术制成"工程微藻"，即硅藻类中的一种"工程小环藻"。在实验室条件下可使"工程微藻"中脂质含量增加到60％及以上，户外生产也可使其脂质含量增加到40％及以上。"工程微藻"中脂质含量的提高主要是由于乙酰辅酶A羧化酶（ACC）基因在微藻细胞中的高效表达，在控制脂质积累水平方面起到了重要作用。目前，正在研究选择合适的分子载体,使 ACC 基因在细菌、酵母和植物中充分表达,并将进一步修饰的 ACC 基因引入微藻细胞中以获得更高效表达。利用"工程微藻"生产生物柴油具有重要经济意义和生态意义,其优越性在于:"工程微藻"生产能力高;用海水作为天然培养基可节约农业资源;比陆生植物单产油脂高出几十倍;生产的生物柴油不含硫,燃烧时不排放有毒有害气体,排入环境中也可被微生物降解,不污染环境。发展富含油质的微藻或者"工程微藻"是生产生物柴油的一大趋势。

➡️➡️沼气

生物质沼气工程主要以畜禽粪便、农作物秸秆、餐厨垃圾、农副产品加工废水等各类城乡有机废弃物为原料,产生的沼气或生物天然气可广泛应用于炊事、取暖、发电和车用燃料等,不仅能够提供清洁的生物质能源,减少大气污染,还能够保护农村生产生活环境,促进生态文明建设。我国沼气和生物天然气项目遍布全国,在华北、东北、华东、华中、华南、西南、西北等地区均有分布。

沼气工程的核心技术是厌氧发酵技术。厌氧发酵技术生产沼气是一种集有机废物处理和产能于一体的技术,主要包括收集、储运、预处理、厌氧发酵、沼气处理等

环节。发酵原料为畜禽粪便、工业有机废弃物、秸秆和多种混合原料，其中以畜禽养殖场粪污为主。按照物料在反应器中的形态进行分类，大致可分为湿式厌氧发酵技术和干式厌氧发酵技术。湿式厌氧发酵技术是指发酵物料在有流动水状态下进行的厌氧消化过程；干式厌氧发酵技术是指发酵物料在没有或几乎没有流动水状态下进行的厌氧消化过程。

我国生物质沼气产业迅速发展，目前已形成了户用沼气、联户集中供气、规模化沼气工程共同发展的格局。沼气利用方式主要包括农村生活供气、热电联产、净化提纯生产生物天然气等。

近几年生物能源的优势已逐渐显现，生物燃料研究力度加强，未来将成为传统能源的重要补充能源。联合国粮食及农业组织认为，生物能源有可能成为未来可持续能源系统的主要能源。

▶▶**生物工程与化工**

生物工程与化工简称为生物化工，是生物技术与化学工程相结合的产物，既包括生物技术，也涉及化学工程，在生物、化工生产领域广泛应用，作为化工领域重点发展的产业，前景持续向好。具体来说，生物化工是以生命科学为基础，利用生物体或其组分的特征和功能，设计和构建具有预期性状的新物种和新品系，应用与工程原理相结合的方法进行加工生产，为社会提供商品和服务的重要产业。我们以生物塑料和1,3-丙二醇两种产品为例进行具体介绍。

➡➡生物塑料

生物塑料产生于 20 世纪，与传统石油基塑料相比，生物塑料具有良好的生物相容性和可降解性，能够解决石油基塑料带来的化石资源短缺和"白色"污染问题，是国内外产业界和学术界的研究热点。生物塑料是生物基塑料和可生物降解塑料的统称。生物基塑料是指成品材料或部分产品来自生物质的生物塑料。能够生产生物基塑料的生物质主要包括各类植物和微生物，例如玉米、甘薯和藻类等。可生物降解塑料是指在微生物的作用下可以自然分解的塑料，这些微生物主要包括细菌、真菌和藻类等。生物降解是一个化学过程，环境中的微生物可以将塑料转换为水、二氧化碳和其他天然堆肥材料，这个化学过程主要由环境条件和材料性质等因素决定。

生物塑料有节约能源、可循环再生、可降解回收和安

生
物
工
程
专
业
应
用
领
域

全环保等优点。

生物塑料以生物质材料为原料，使塑料行业的生产更具可持续性，可以有效减少生产塑料的石油消耗，故可节省石油资源。生物塑料的原料大部分从纯植物中获取，植物能够年复一年地自然生长，具有丰富的原材料资源。传统塑料因材料性质导致无法降解而难以回收。以生物质材料为原料的生物塑料可以通过生物降解转化为分子状态。生物塑料中不含聚氯乙烯、邻苯二甲酸酯等有毒物质。生物塑料的二氧化碳排放量只相当于传统塑料的 20％，在很大程度上减少了对人类健康的影响以及对环境的污染和破坏。

随着新技术的发展，生物塑料的应用范围越来越广，从产品包装、卡片制作拓展到了耐用品、终端产品等领域。作为包装材料，生物塑料已经越来越多地被应用于瓶子、纸箱、运输袋、废物收集袋、薄膜、覆盖膜和食品用具等。聚羟基脂肪酸可被应用于购物袋、一次性餐具、3D打印材料、可生物降解薄膜和其他终端产品。

目前，国内外已开发出基于不同原材料的生物塑料。淀粉基生物塑料是目前研究最多、技术相对成熟、产业化规模最大的可生物降解塑料，也是进入市场最早，消耗最大的产品。淀粉基生物塑料是以普通天然淀粉如玉米淀粉、甘蔗淀粉、木薯淀粉等为原料,通过分子变构处理使分子无序化后加工形成的塑料制品,如聚乳酸、聚乙烯等。纤维素作为地球上含量最丰富的天然高分子,已被用于加工成塑料,但由于纤维素中刚性分子密集堆积而不能熔融加工,因此直接利用纤维素浆料制备生物塑料存在较大的挑战。而且,纤维素生物塑料制品的耐水、耐热性均达不到耐用产品的要求。另外,采用其他非食用材料(如蓖麻油)为原料,辅以添加剂,能够加工成以聚酰胺为主的塑料制品。

生物塑料按照原料和可降解性能大致可分为生物来源的可生物降解塑料、全生物来源及部分生物来源的不可生物降解塑料和石油基可生物降解塑料。

生物来源的可生物降解塑料,是指以天然物质为起始原料,在一定条件下可以被自然界中的微生物降解的塑料,如聚乳酸等。

全生物来源及部分生物来源的不可生物降解塑料,是指以天然物质或部分天然物质为起始原料,不能被自然界中的微生物降解的塑料,如聚乙烯等。

石油基可生物降解塑料,是指以石油为起始原料,在

一定条件下可以被自然界中的微生物降解的塑料，如聚己内酯等。

➡➡**1,3-丙二醇**

1,3-丙二醇(1,3-PDO)是一种高价值的三碳短链二醇类化工原料，可与水混溶，同时可溶于乙醇、乙醚等有机溶剂，可进行氧化、缩聚、酯化等多种反应，黏性、吸湿性良好，是无毒、无色、无嗅的透明状液体。目前1,3-PDO 在工商业上的最大应用依次为合成聚对苯二甲酸丙二醇酯(PTT)、合成聚氨酯和个人洗护及洗涤剂添加物，其中合成 PTT 的 1,3-PDO 消耗量占全球总消耗量的三分之二。PTT 兼具腈纶、锦纶、涤纶等目前所有已商业化应用的聚酯类材料的优良性能，还具有独特的质感、拉伸性和较低的染色成本等优势，理论上可替代其他聚酯类材料。1,3-PDO 的全球市场规模随 PTT 的需求增加而逐年扩大。

现阶段 1,3-PDO 的合成绝大多数由化学法完成。工业化的 1,3-PDO 化学合成方法主要分为丙烯醛法和环氧乙烷法。化学合成工艺在商业上高度成熟，但存在诸多缺点：前期投资大，依赖不可再生化石原料或易燃易爆的剧毒化学原料，合成过程中需要高温高压条件和使用昂贵的催化剂,生产条件苛刻,产品获取难度大,整个生产工艺中产生大量的非目的产物,废水废气和固体废弃物处理成本高。

相较于化学法,生物法合成 1,3-PDO 有明显优势:较低的前期设备投资,可再生的原料,常温常压的温和反应条件,简单的生产操作工艺,较少的副产物等。目前生物法合成 1,3-PDO 大致可分为两种:一是代谢工程改造菌株发酵合成 1,3-PDO。美国杜邦公司在基因工程改造的大肠杆菌中实现以葡萄糖为底物合成 1,3-PDO,产量为每升 135 克,该工程菌已投入商业化生产应用。二是利用天然菌株发酵合成 1,3-PDO。研究人员陆续筛选出可代谢甘油合成 1,3-PDO 的菌株,其中,克雷伯氏菌因有相对完善的遗传背景、较高的 1,3-PDO 产率、类似大肠杆菌的理化性质、完备的基因工程工具,成为合成 1,3-PDO 的理想菌株。在此基础上进行代谢工程改造,平衡胞内还原力,增加 1,3-PDO 合成途径的碳流,减少有毒副产物,以提高 1,3-PDO 的产量和转化率。菌株工程改造策略主要有以下两个:一是阻断或过表达甘油代谢的相关基因以加强甘油还原途径中 1,3-PDO 的合成;二是失活副产物合成途径,如乳酸、2,3-丁二醇、乙醇和琥珀酸等。

▶▶生物工程与生态环境保护

目前,全球生态问题突出表现在森林破坏严重,土地资源丧失,淡水资源紧缺,生物物种消失,大气质量恶化,废弃物污染环境等方面。过去由于环境保护意识不强,重开发轻保护,重建设轻维护,对资源采取掠夺式、粗放型开发利用方式,超过了生态环境的承载能力,导致生态环境不断恶化。随着生物工程技术的发展和生物工程技术人员整体素质的提升,生物工程技术逐渐开始应用到环境保护中。生物工程技术具有效率高、节能环保等优势,因此在环境保护领域中应用潜力巨大。生物工程技术的有效应用,能够保证人与自然和谐相处,符合当前我国倡导的可持续发展战略。相比传统的污染治理技术,生物工程技术的优势较为明显。

➡➡畜禽动物养殖业废弃物无害化处理

随着我国现代养殖业的快速发展,集约化、高密度的养殖模式使动物染疫和死亡的概率增大。由动物疫病引发的公共卫生安全问题也日益凸显,禽流感、甲型 H1N1流感、口蹄疫、炭疽等疫病对人们的健康造成了严重威胁。除了染疫动物的尸体,畜禽养殖业废弃物,如粪便等污染问题也尤为突出,在 2010 年,我国畜禽废弃物污染已经成为最主要的农业污染之一。

堆肥是利用细菌和真菌等微生物将有机废弃物降解并转化为腐殖质的发酵过程,不仅能将有机废弃物转化为生物有机肥,而且堆肥过程中产生的高温还能够杀死大多数病原微生物,具有成本低、操作简单、环保、无害化程度高等优点,是一种廉价高效的生物技术处理手段。堆肥过程产生的高温可以灭活多种病原微生物、寄生虫卵、杂草种子等,使安全性得到了保障。腐熟的堆肥可以增加土壤团粒结构,改良土壤理化性质,增加土壤肥效。

近年来,越来越多的学者利用堆肥技术进行畜禽屠宰废弃物的降解研究,希望通过添加外源菌剂提高堆肥效率,相关研究中使用的菌剂也由单一菌剂逐步向复合菌剂转化。例如,通过分离筛选得到耐高温、产蛋白酶和脂肪酶的微生物菌株,将其制成微生物混合菌剂用于牛屠宰废弃物的堆肥,并探究其对堆肥效果的影响,开发出一种对畜禽屠宰废弃物堆肥具有良好效果的复合菌剂,为畜禽屠宰废弃物的无害化和资源化利用提供有效的解决方法。

→→生物基质无害化处理

生物基质无害化处理是一种用额外添加的微生物、基质与畜禽粪尿中的微生物发酵来处理畜禽粪尿等废弃物的生态循环农业技术。在实际应用中，生物基质无害化处理通过在发酵仓内铺设谷壳、锯末、米糠等生物基质原料作为培养基，接种环境益生菌，将畜禽排出的粪尿在发酵仓内经微生物完全发酵，迅速降解、消化，从而达到无臭气、零污染的目的，从源头上实现环保、无公害养殖，有效地解决了畜禽粪尿等废弃物资源化利用的问题。

→→污水的生物处理

区别于传统物理、化学方法处理污水，利用生物技术处理污水，主要是利用生物的自我调节机制间接改善所处环境，有效分解和处理污水中的污染物，达到净化污水的目的，大致分为活性污泥法、生物膜法和自然生物处理法。近年来，随着中国工厂化海水养殖业的迅猛发展，沿海育苗及高密度养殖导致废水排放量与日俱增，近海水域环境严重恶化。沿海水产养殖企业一般采用循环水系统，将未处理的高氮低碳的养殖废水直接排放入海，其最大的问题是海水养殖废水中高浓度的氨氮和亚硝酸盐氮与低含量的有机碳源导致碳氮比较低，不利于异养菌除氨脱氮。

根据国内外研究,间歇式活性污泥法处理系统已经成为污水生物处理的主要方法之一,具有良好的氨氮去除效果。其中,生物絮团技术通过添加碳源能有效降低海水养殖水体中的氨氮和亚硝酸盐氮。近年来,低碳氮比水产养殖废水的生物处理技术已经成为研究热点。从实际养殖废水低碳氮比的特点出发,采用间歇式活性污泥法工艺和硅藻土载体固定化颗粒污泥的方法,为海洋低碳高氮养殖废水处理提供快速高效、低成本、无害化的水处理技术。

➡️➡️土壤污染的生物修复

土壤对国家和人民具有至关重要的作用。随着社会经济的快速发展,农业生产带来的土壤退化问题和工业生产带来的土壤污染问题正在严重威胁着人民的生命健康和财产安全。疏水性有机污染物,如石油、有机氯农药、多氯联苯、多环芳烃、三硝基甲苯、重金属等,在自然界中主要以吸附态等形式存在于土壤中,在水中不溶或微溶,不易被自然界的微生物降解,易被植物和动物富集,并通过食物链进入人体,可致癌、致畸,已成为需要解决的世界性难题之一。植物修复与微生物修复是目前常

生物工程专业应用领域

用的两种土壤污染的生物修复技术。生物修复是指利用基因工程技术,改造动物、植物和微生物等生物的功能,将有机污染物或重金属分解转化为无毒的产物。现代微生物技术能够有效分解有害物质,使其转化成二氧化碳与水等无毒无害或毒性较小的物质,保护生态环境。

➡➡ 塑料废弃物降解

塑料制品的普及和使用,产生了大量的塑料废弃物,由于其在自然环境中不易降解,造成了严重的环境污染。聚乙烯(PE)是产量较大的通用塑料,通常被加工成一次性包装材料(塑料袋及容器等)和农用薄膜等。聚乙烯的广泛应用产生了大量废弃物,对生态环境造成严重的威胁。现有的塑料废弃物处理途径主要是填埋和焚烧。但是,填埋会占用土地,产生的渗漏液污染地下水;焚烧会产生大量的有毒气体,包括一氧化碳、氯化氢、二氧化硫、二噁英等。用生物技术来进行塑料降解无疑是一个很有前景的应用领域。

自 20 世纪 70 年代以来,一些研究陆续报道了聚乙烯被微生物降解的现象:从土壤、海洋、垃圾堆置点及昆虫肠道等生态环境中分离筛选出若干种具有一定聚乙烯降解能力的菌株,发现其中单加氧酶、过氧化物酶和漆酶等氧化还原酶对聚乙烯具有氧化降解能力。以确认的高效降解菌株为对象,借助高通量组学技术并结合微生物分子生物学方法,可以逐步阐明聚乙烯降解过程的微生物代谢特点,明确关键功能基因或蛋白质,借助蛋白质工程和合成生物学技术手段,通过改造聚乙烯降解酶和代谢途径设计,可以构建高效降解聚乙烯的人工合成微生物。

此外,随着近年来可以取食降解泡沫塑料的黄粉虫、大麦虫、大蜡螟等昆虫的发现,以及对其肠道功能微生物的研究,废弃塑料的高效生物降解和废弃物资源化有了新的方向。由于塑料的化学惰性较强,人类一直认为自然界没有消化塑料的细菌和酶,无法通过生物途径降解。然而,研究人员发现了昆虫幼虫取食塑料的现象,因此开展了大量昆虫降解塑料的研究。目前的研究结果表明,黄粉虫和大麦虫均倾向于取食质地薄软的泡沫塑料;黄粉虫幼虫对聚苯乙烯泡沫塑料的取食降解效果最佳。

➡ ➡ 环境检测及修复

运用生物技术检测水质,是当今环境检测领域中运用极为广泛的手段。该技术主要检测水中致癌物质,可

生物工程专业应用领域

以达到理想的检测效果。根据这种检测手段，人们制造了许多高科技检测设备，比如，生物传感器和生物芯片。生物传感器是一种将生物反应转化成电信号的机器，它以固定化酶技术和固定化细胞技术为基础，设置相应的生物识别元件对生物反应的过程和规律进行识别，然后将其转换成可以被人们正常识别的电信号。生物传感器的工作原理就是使生物组分和待测的环境对象发生反应，并利用电子组分将反应的过程转换为可以被测量的电子信号。生物传感器使用生物分子识别被测目标，然后通过信号系统将生物分子所发生的物理或化学变化转换为相应的电信号，并将电信号放大、输出，从而得到检测结果。它可以测定水环境中的酚和农药含量，大气环境中的二氧化硫浓度和其他环境指标，例如土壤重金属、内分泌干扰物、有机污染物等。生物芯片是一种微型的生物化学分析系统，利用微电子技术和微加工技术在固相介质（例如玻璃片、硅片、凝胶、塑料片、尼龙膜）表面固定生物分子探针，就构成了生物芯片。利用生物芯片可以快速、准确地检测 DNA、蛋白质、细胞等生物的组分。利用生物芯片还能够快速地检测出对环境造成污染的生物和有机化合物，对保护环境具有重要的意义。

生物酶技术在环境检测和环境保护中应用广泛。生物酶技术包括生物酶抑制技术和生物酶免疫技术。生物酶抑制技术是指由于环境污染物对特定的酶具有抑制作用，因此对其进行检测时，可以加入酶催化后的显色剂，通过显色剂是否显色和显色的程度来判断反应酶是否受到抑制和抑制的程度，这样就能够判断被测环境中是否存在污染物以及存在量的多少。生物酶免疫技术综合了免疫技术和生物技术的特点，是一门新兴的技术。该技术依据抗原和抗体之间的相互反应来实现对环境的检测。

在环境检测中，利用生物技术能够准确地反映环境污染的程度，对环境保护具有很重要的意义。各学科之间的相互融合使生物技术在环境检测中的应用逐渐向多元化、智能化方向发展。

生物修复技术是指利用生物特别是微生物的代谢潜能消除或减少有害物质浓度的技术。自 1989 年以来，生物修复技术已广泛应用于农田、地下水、河流、湖泊和海洋等环境中的污染物处理。微生物可处理的污染物种类繁多，包括石化产品、多环芳烃、卤代烷烃和卤代芳烃等。微生物还能通过吸附重金属或通过改变重金属的价态降低其毒性。

生物技术修复环境是一项重要的应用，针对大面积污染，投放微生物分解污染因子，是一种有效可行的手段。

目前，我们对环境微生物的认识还非常有限，大量的环境微生物尚不能在实验室中培养和研究，且对已分离纯化的功能环境微生物的生理活性和代谢潜能的认识也相当欠缺。生物技术的发展，基因组学、转录组学和代谢组学广泛应用于污染环境生物修复领域，为将来成功地设计和应用工程微生物修复污染环境提供了有力的技术支持。

将生物技术应用到生态环境中，为有效解决生态环境问题提供了新的方法和思路。各高校生物工程学院针对生态环境问题已经开展了多项课题研究，在堆肥、废弃物处理、污水处理、土壤污染的生物修复、生物多样性保护等方面都取得了显著成效。我们相信在科研人员的努力下，生物技术在我国的生态环境治理中一定会发挥重要的作用，进一步促进生态环境的可持续发展。

▶▶生物工程与农业

21 世纪农业的出路在哪里？我国著名科学家钱学森

院士曾提出，人类第六次产业革命即现代生物科学技术革命的主战场在大农业。邓小平同志十分明确地指出："将来农业问题的出路，最终要由生物工程来解决，要靠尖端技术。"

➡➡植物细胞工厂的构建

随着对细胞的深入研究，人类已经可以按照特定的目的来主动影响细胞的生理状态，通过规模化的培养，获得人类预期的细胞产物。这种有目的、有预期、有规模地获得细胞产物的工程就叫作细胞工程，其中植物细胞工程主要集中在农业上。

植物在生长发育的过程中会产生很多对人体有利的物质，中国传统中药类植物更是如此。但是传统作物培养、种植所费时间过长，培养成本过大，无法广泛应用。早在 20 世纪 50 年代，人们就将植物细胞大规模培养技术应用于药用植物细胞。这些大规模培养的植物细胞就如同一个个微小的"细胞工厂"，能快速高效地合成对人类极具价值的物质。如日本科学工作者人工培养的紫草宁细胞，可治疗烧伤、皮肤病，也可制成唇膏；又如抗癌效果极好的紫杉醇，传统的做法是从自然生长的紫杉树皮中提取，提取效率极低，大规模培养紫杉醇细胞则可以批

生物工程专业应用领域

量生产而且不用砍伐紫杉。

细胞大规模培养能够大幅度提高植物生产有效产物的效率。传统中药材从种植到收获一般都需数年，且亩产仅一百千克左右，如果用细胞培养技术来生产中药材中的有效成分，一个万吨发酵罐在 20 天内就可以生产几百千克有效物质。

目前，科学家已对 100 种以上的植物进行细胞大规模培养，细胞培养已经带来了一定的收益，未来还会为药物、色素、香精、食品添加剂等产品的生产带来良好的收益。

植物病毒是影响农作物产量和质量的一个重要因素。由于病毒侵染，植物正常的生理功能被破坏，植株生长衰退、株型矮小、枝条徒长、叶片皱缩、叶面失绿甚至叶脉坏死，有时整株叶片脱落，严重时可造成植株死亡。病毒病成为农作物的严重病害之一，对薯类、甘蔗、花卉、果树、部分林木和蔬菜等危害尤甚，可导致品种退化甚至灭绝。植物解剖学家发现，在植物的根尖、茎尖这两个生长代谢特别旺盛的部位病毒很少，越接近尖端，病毒就越少。植物细胞具有全能性，可以从细胞发育成独立的苗体，如此一来，用茎尖的植物细胞不就能培养出没有病毒的植物幼苗了吗？根据这一奇思妙想，法国的莫里尔首次利用大丽花的茎尖细胞培养出了健康的幼苗。现在利用茎尖培养的方法，人们已经成功地培育出马铃薯苗、甘薯苗、甘蔗苗、葡萄苗、香蕉苗、康乃馨苗、水仙苗和人参果苗等。经茎尖细胞培养出的幼苗可以大大减小感染疾病的概率，降低了果农、花农的经济损失。

通过植物组织培养直接繁殖植物的技术叫作快速繁殖，也称微繁殖。用离体无菌培养的方法将植物材料放入含一定植物激素的人工培养基上，在合适的培养条件下诱导其产生芽原基，并由此发育成丛状芽基。这些丛状芽基被分离移栽到新培养基上再诱导新丛生芽的产生。这样诱导、分离、继代、再诱导、再分离，不断循环下去，极大地提高了育苗速度和繁殖率，最后将离体繁殖的丛生芽诱导生根，并移植到温室发育繁殖出大量幼苗。这种方法属于离体无性繁殖，与传统的植物营养繁殖技术相比，具有繁殖速度快、生产效率高、省时、省工、节约空间和有利于植物工厂化生产等优点。一般情况下，用快速繁殖方法在一年内可使单个茎尖分生组织增殖几万至几百万倍，且不受气候、土壤和季节等外界因素的影响和限制，在室内可全年生产。快速繁殖主要可用于：有性繁殖方法难以保持品种特性的异花授粉植物；脱毒苗的

快速生产；不易用常规方法繁殖的物种；稀有及濒危物种的保存和扩繁。

该技术相对简单且实用性强，在全世界得到普及，已成为农业领域应用广泛的生物技术之一。现今世界上已建成许多年产百万株苗木的工厂和年产数十万株苗木的商业性实验室及组培作坊。一个新品种产生后，两年内即可在生产上广泛应用。现今，观赏植物、园艺作物、经济林木、无性繁殖作物等部分或大部分应用离体快速繁殖方法提供苗木。据统计，每年全世界约有 5 亿株观赏植物来自快速繁殖。很多品种的试管苗已实现产业化，成为国际市场上的重要商品。

➡➡微生物菌肥在农业中的应用

微生物菌肥是一类含有特定微生物活体的制品。通过微生物的生命活动及代谢产物，农作物可得到特定肥料。微生物菌肥从菌种到肥料成品需经过土壤中有益菌的分离、培养、繁殖、菌种扩大培养、发酵、吸附等过程。

我国微生物菌肥的研制起步较晚。20 世纪 50 年代初，我国主要的研究对象为大豆和花生根瘤菌及其接种剂。因在实际生产中取得了良好的效果，故将微生物菌肥研究扩展到解磷、解钾和固氮。由于微生物菌肥具有肥效高、无污染、成本低等特点，因此成为化学肥料的有效替代品，在农业生产中被广泛推广使用，为农业的增产增收发挥了重要作用。

目前，我国微生物菌肥的种类繁多，按照产品类型、在菌肥中起主要作用的微生物种类、微生物功能和肥料形态的不同可分为如下种类。

按照产品类型可划分为农用微生物菌剂、生物有机肥和复合微生物肥等；按照在菌肥中起主要作用的微生物种类可划分为细菌肥、放线菌肥和真菌肥等；按照微生物功能可划分为增加营养的菌肥、抗病虫害类菌肥、促生长类菌肥和溶磷解钾菌肥等；按照肥料形态可划分为固态肥和液态肥等。

微生物菌肥能促进作物增产增收，主要有两个原因：一是促进了植物的生长发育；二是提高了土壤的肥力。微生物菌肥能够活化并促进植物对营养元素的吸收，促进植物产生多种生理活性物质，刺激、调节植物的生长。

微生物菌肥还能促使植物产生抑病作用，提高抗逆性。微生物菌肥中所含有的大量的有益菌可以通过产生代谢产物，如抗生素和链霉素等，抑制病原微生物的生长，提高作物根部的抗病能力，从而保护根际的安全。此

外,微生物菌肥还可以提前抢占根际周围的有利点,形成屏障,保护根系。

➡➡微生物农药

微生物农药是一种重要的生物农药。由于生物农药具有取材广泛、高效低毒、有利于保护农业生态等优点,因此在农业病虫害防治过程中越来越受到重视。在化学农药效果减退、生态环境日趋恶劣的今天,研制和推广微生物农药已经成为降低农业成本、提高农产品质量、保持农业可持续发展的重要措施之一。

微生物农药是应用微生物的活体或微生物的代谢产物研制的用于防治危害农作物及农产品的害虫、杂草等有害生物的制剂。微生物农药一般分为细菌杀虫剂、真菌杀虫剂、病毒杀虫剂、微生物除草剂等。

苏云金杆菌、青虫菌、杀螟杆菌、松毛虫杆菌等是国内生产和应用的主要细菌杀虫剂。其中苏云金杆菌的变种对150多种鳞翅目害虫都有杀害作用,为广谱杀虫细菌。真菌杀虫剂有白僵菌、绿僵菌和耳霉菌等,其中白僵菌是实际生产中应用最广泛的真菌杀虫剂,用来防治松毛虫等农业害虫。病毒杀虫剂比细菌杀虫剂的杀虫作用选择性更强,因为病毒能潜伏于虫卵中,通过后代传播造成子代感染病毒。微生物除草剂也多有应用,如使用不动杆菌属、产酸克雷伯氏菌等侵染菟丝子,使其得病死亡,可达到防治花生、大豆田中菟丝子杂草的目的。

▶▶生物工程与人类健康

健康是人类生存和发展的基础,提高人类健康水平是可持续发展的一项重要目标。随着科学技术的发展,生物工程作为一门综合性学科,正逐渐成为驱动实现这一目标的重要推手。生物工程在食品、药品、生物医学材料和疫苗等方面的发展,提升了人类的生活品质和健康水平。

➡➡生物工程与现代食品

随着全面建成小康社会的实现及人们生活水平的显著提高,人们对高品质食品的需求不断加强。生物工程作为一项应用微生物、动植物细胞来生产具有应用价值产物的新型技术,在现代食品工业中得到飞速的发展和广泛的应用。

现代生物工程以生命科学为基础,利用生物基因或生物组织的某些特性或功能,构建具有预期性状的新物种或新品系。近年来,生物工程应用于食品生产与开发,

促进了食品行业的快速发展。主要体现在以下几个方面：一是利用发酵工程、酶工程等工程技术将农副原材料加工成食品产品，如酒类、调味品和酸奶等；二是利用基因工程等技术对食品资源优良特性进行改造和改良，如利用细胞工程进行果蔬农业育种；三是利用生物工程技术对产品进行二次开发，形成新的高质量产品，如功能性的低聚糖、保健食品和食品添加剂等；四是综合利用酶工程、发酵工程、生物反应技术及分离方法等对传统食品的加工工艺进行改造，在降低能耗的同时，提高产量和食品品质。此外，生物工程在食品包装、储存、质量检测及三废处理等方面也发挥着重要作用。

生物工程在食品加工方面，可通过运用DNA重组技术，构建食品工程菌，改进传统微生物发酵工艺，提高生产能力。例如，使用基因工程技术将大麦 α-淀粉酶基因转入酿酒酵母，使用这种酵母生产啤酒时，就不需要再添加 α-淀粉酶液化谷物淀粉，省去了液化环节。利用基因工程技术将霉菌的淀粉酶基因转入酵母中，使用这种酵母可直接发酵淀粉生产酒精，省去了高压蒸煮环节，缩短了生产周期。利用基因工程定点诱变基因或蛋白质、原生质体重组等技术，不仅可以使多种酶，如乳糖酶、酯酶等在微生物中克隆和表达，还可以大幅度提高酶的活性。

➡➡生物工程与基因工程药物

基因工程药物的研发过程是先确定对某种疾病有预防和治疗作用的蛋白质,然后将控制该蛋白质合成过程的基因放入可以大量生产的受体细胞(包括细菌、酵母菌和动植物细胞)中,使其在受体细胞中不断繁殖,大规模生产具有预防和治疗这些疾病的蛋白质。通过基因工程表达目标蛋白质,可降低制药成本,提高药物的纯度和药效,缩短制药的周期,为人类的健康带来福音。例如,利用生物工程胰岛素能够实现对糖尿病患者的治疗,利用生物工程人脑激素能够实现对急性胰腺炎以及肢端肥大症患者的治疗,利用生物工程绒毛膜促性腺激素能够实现对不孕症的治疗。现如今,生物工程不断创新和发展,在生物医药领域表现出更显著的应用效果。

抗体药物是基因工程药物的典型代表,已成为治疗肿瘤的重要产品,目前占全球生物药物市场的50%以上,是生物医药产业增长最快的细分领域。目前,国外大型生物制药企业纷纷涉足抗体药物领域,品种创新研发是主流。以PD-1(一种重要的免疫抑制分子)等肿瘤免疫检查点为代表的新产品发展势头良好,临床适应证扩展。抗体药物产业作为新兴产业在逐步成熟,未来与精准医疗和肿瘤免疫治疗相结合,还有很大的发展空间。国内

生物工程专业应用领域

抗体药物研究起步较晚，但肿瘤的发病率和死亡率逐年上升，因此国内对抗体药物的需求量巨大。抗体药物产业是我国生物技术发展规划的重点领域，国家积极投入科研资金，引导产业发展，极大促进了我国抗体药物产业的快速发展。

生物技术可用于疾病的诊断。基因突变或外源基因入侵是造成人类绝大部分疾病形成的重要因素之一。基因水平分析、检测疾病是近些年来生物技术的发展方向。我国的基因检测技术主要有DNA探针技术、聚合酶链式反应和生物芯片技术等，这些技术能在早期检测出病原性物质。目前，分子诊断技术主要应用于各科疾病（肿瘤、感染、遗传等）临床检测，常见于体检中心、技术服务中心、第三方检测机构及微生物快速检测市场等。未来，随着基因组学、蛋白质组学的发展和成熟，分子诊断技术将不断完善，必将在生物医学领域获得广泛应用，给传统医学带来革命性变化。

我国在疾病的治疗与预防方面也运用了生物技术。在基因治疗技术方面有了很大的突破，通过干细胞的移植进行肿瘤和自身免疫系统疾病的治疗获得很好的疗效。克隆技术也逐渐成熟，在器官移植的过程中，为了减少机体的排异反应，可以对自身器官进行克隆。生物技术在肿瘤等疾病的早期筛查、预防和治疗中有着广泛的应用。与癌变相关的 DNA、RNA、蛋白质、染色体以及细胞变化谱等逐渐被人们所认识，与肿瘤发生、发展相关的变化谱，如基因突变谱、基因甲基化谱、基因多肽谱、基因表达谱、体液蛋白质（或其他化学成分）谱、染色体谱以及细胞和组织器官的分子影像谱等，将会成为肿瘤标志谱，更准确地用于指导肿瘤的诊断和治疗。

➡➡生物工程与生物医学材料

生物医学材料是指用于人体组织和器官的诊断、治疗、替代，进而增进或恢复其功能的材料，如天然材料、人工合成材料、活体细胞或天然组织与人工材料结合而成的复合材料等。生物医学材料直接用于人体组织，必须具有良好的生理性能和生物相容性。生物医学材料应用极为广泛。

生物医学材料是医疗健康产业的物质基础，引领着当代医疗技术和健康事业的革新和发展。生物医学材料临床应用的终端形式可为医疗器械，其作用机理不同于药物，但可与药物结合为载药生物材料。生物医学材料包括一般性材料和生物相容性材料。一般性材料被用于制造一次性输液器、注射器具，一般性外科手术器具以及

67

药棉、绷带和纱布等卫生用品。生物相容性材料也被称为高技术生物材料，是指直接植入人体或与生理系统结合使用的材料及其终端产品。大量高端生物医学材料和医疗器械的开发降低了心脑血管、肿瘤、创伤等疾病的致死率和致残率，大大提高了患者的生活质量。例如，白内障在过去就意味着失明，而借助有机玻璃制成的人工晶状体可迅速恢复人眼的功能；人工关节及关节置换使数以万计的患者恢复了运动功能；血管支架、封堵器等介入性治疗材料和器械的使用将心血管疾病的死亡率降低了60％。此外，生物医学材料的发展也推动了临床治疗、诊断技术的革新。比如，以生物芯片为代表的分子诊断材料和器械不仅在传统的传染病、遗传性疾病的筛查与诊断方面发挥了重要作用，还被用于肿瘤、心脏病等重大疾病的早期诊断和防治。因此，大力发展生物医学材料及相关医疗器械产业，对我国医疗健康产业和国民经济可持续发展具有重要意义。

➡➡生物工程与现代疫苗

疫苗是将病原微生物（如细菌、立克次氏体、病毒等）及其代谢产物，经过人工减毒、灭活或基因工程等方法制成的用于预防传染病的自动免疫制剂。由于成功实施了全球儿童疫苗接种计划，白喉、百日咳、破伤风、麻疹、腮腺炎、风疹、肺炎、乙型肝炎和脑膜炎等严重危及生命的疾病造成的死亡率已大幅下降。从人痘、牛痘的发明到今天,疫苗的研发已经历了数百年。传统疫苗(第一代疫苗)以减毒或灭活微生物或清除病原体的亚基方式制成,基因工程疫苗(第二代疫苗)是利用基因工程技术或蛋白质化学技术合成的重组疫苗,主要包括基因工程亚单位疫苗、合成肽疫苗、病毒或细菌活载体疫苗等。最前沿的核酸疫苗(第三代疫苗)是将基因工程处理的编码某种抗原的外源基因直接导入动物机体内表达,诱导机体产生免疫应答的疫苗。

2020 年初,新型冠状病毒肺炎(简称"新冠肺炎")疫情暴发,我国科学家迅速根据新冠病毒特点开发了一系列稳定、高效的疫苗。截至 2021 年 4 月,我国已有 5 个生产企业的新冠病毒疫苗附条件批准上市或紧急使用。附条件批准上市的 3 个灭活疫苗和腺病毒载体疫苗Ⅲ期临床试验分析结果显示,疫苗保护效力均达到国家药品监督管理局《新型冠状病毒预防用疫苗临床评价指导原则(试行)》的要求,也符合世界卫生组织《新冠病毒疫苗目标产品特性》推荐的指标要求。临床试验和紧急使用阶段及前期重点人群较大规模接种后疑似预防接种异常反应监测数据表明,新冠病毒疫苗安全性良好。获批紧急

使用的重组新冠病毒疫苗（CHO 细胞）Ⅱ 期临床试验结果显示具有良好的免疫原性和安全性。

其中，第一类是灭活疫苗。附条件批准上市的 3 个新冠病毒灭活疫苗产品分别由国药集团中国生物北京生物制品研究所有限责任公司（北京所）、武汉生物制品研究所有限责任公司（武汉所）和北京科兴中维生物技术有限公司（科兴中维）生产。其原理是使用非洲绿猴肾（Vero）细胞进行病毒培养扩增，经 β 丙内酯灭活病毒，保留抗原成分以诱导机体产生免疫应答，并加用氢氧化铝佐剂以提高免疫原性。

第二类是腺病毒载体疫苗。附条件批准上市的腺病毒载体疫苗为康希诺生物股份公司（康希诺）生产的重组新冠病毒疫苗（5 型腺病毒载体）。其原理是将新冠病毒的刺突糖蛋白（S 蛋白）基因重组到复制缺陷型的人 5 型腺病毒基因内，基因重组腺病毒在体内表达新冠病毒 S 蛋白抗原，诱导机体产生免疫应答。

第三类是重组亚单位疫苗（基因工程亚单位疫苗）。获批紧急使用的重组亚单位疫苗为安徽智飞龙科马生物制药有限公司（智飞龙科马）生产的重组新冠病毒疫苗（CHO 细胞）。其原理是将新冠病毒 S 蛋白受体结合区

(RBD)基因重组到中国仓鼠卵巢（CHO）细胞基因内，在体外表达形成 RBD 二聚体，并加用氢氧化铝佐剂以提高免疫原性。

此外，随着组学技术和系统生物学、计算免疫学和反向疫苗学的综合运用，许多现代化的疫苗研发概念及方法涌现。传统的疫苗研发和使用思路是在同一年龄段人群中统一规定抗原剂量、给药途径和疫苗接种次数，这种模式未能完全考虑人群差异对个体免疫状态的影响。而在运用系统疫苗学技术对各类人群中疫苗诱导免疫机制进行深入研究的过程中，人们不仅能获得更多保护性免疫反应和副反应相关的遗传及分子标记数据，而且能更加全面地了解先天性免疫和适应性免疫之间的关系，这些都将为疫苗的理性设计及有效性和安全性评价提供新的科学依据。未来的疫苗开发思路可能会采用针对特定人群的方式进行疫苗设计并充分考虑年龄、性别、代谢、遗传和免疫功能状况等因素，通过向合适的人群提供有针对性的疫苗，最终实现提高疫苗功效和免疫覆盖率的目标。

生物工程专业优势高校

不要等待运气降临，应该去努力掌握知识。

——弗莱明

21世纪是生命科学的时代，生命科学将对人类社会、经济及其他科学领域产生重大的影响。生物工程是20世纪70年代初兴起的一门综合性应用学科。20世纪90年代诞生的基于系统论的生物工程专业，越来越受到人们的关注。近几十年来，许多国家都在大力发展生物技术，培育、招揽生物技术专业人才。国内现已有百余所高校开设了生物工程及相关专业。

随着生物技术的进步，生物产业也在迅速发展。21世纪，生物工程已是最热门的领域之一。我国在生物技术及产品的开发和产业队伍构成方面，均与发达国家有较大的差距，无论是生物技术的研究人员，还是生物技术产品开发的人才,均严重不足。未来一段时期,我国对生物技术人才有极大需求。

下面举例介绍 10 所国外、国内重点高校生物工程专业的特色及优势。

▶▶国外高校

➡➡斯坦福大学

斯坦福大学生物工程专业将工程学与生命科学相融合,通过研究和教育推进新的生物医学和生物技术发展,鼓励学生发现与创新。生物工程专业得到医学和工程学院的共同支持。

生物工程本科专业学生具备以下能力:

应用数学、科学和工程知识解决问题;设计和进行实验,分析和解释数据;设计系统或组件,在现实的约束条件下满足期望的需求;在多学科团队中发挥作用;识别和解决工程问题;了解专业和道德责任;能够进行有效沟通;了解工程解决方案在全球经济环境和社会环境中的影响;掌握解决目前存在问题的有关实用知识;掌握工程实践所需的技术、技能和现代工程工具;完成从工程概念和理论到实际工程应用过渡。

➡ ➡ 麻省理工学院

　　麻省理工学院将生物工程定义为主要的、完善的工程学科，在可识别的基础科学架构上，专注于为一系列应用领域创造新技术——所有这些都取决于工程的两个工具："分析"和"合成"。对于所有的工程学科来说，"分析"代表充分理解基础科学以确定设计原则，"合成"代表将各种信息资源进行组合、对比等，获得具有预测性的结果。麻省理工学院将工程学和生物学结合，培养优秀人才，进行创新性研究。

　　麻省理工学院生物工程专业的目标是开发有效的基于生物学的技术，并将其应用于广泛的社会需求，包括但不限于人类和环境健康。生物工程学院的学生在各种重大的科研项目中学习，可以攻读本科和研究生学位。学校还提供一系列双学位或合作项目，双学位如生物与电气工程、计算机科学、土木工程、环境工程等；合作项目如聚合物合成和生物仿生等。超过三分之一的生物工程专业毕业生在美国的一个或多个主要的学院任职，成为生物技术产业和学术界的领导者。

　　生物工程学院的优势研究领域包括生物材料、生物物理学、细胞与组织工程、微生物系统、大分子生物化学、纳米工程、药理学、合成生物学、系统生物学、毒理学等。

➡➡哈佛大学

哈佛大学的生物工程学院致力于对工程师进行广泛的教育,使他们成为生物工程发展领域的领导者。本科开设课程的目标是在通识教育的背景下,为学生提供工程学及其在生命科学中应用的知识。这些课程结构灵活,可满足多种教育和专业目标。本专业可以让学生从人文和科学领域获得广泛的技能,此外还能获得工程学知识,在未来的领导岗位上做出贡献。

生物工程专业的学生完成了必修的数学和其他科学基础课程就可以选修更多感兴趣的高级选修课程,这些课程通常在大三学习。学生将学习系统建模课程,以更好地理解非线性复杂生物系统,并对其进行数学建模;学习热力学,以了解生物和化学系统的基本驱动力;学习传热和传质的基本过程,这些过程通常控制着系统变化的速率;学习生物系统的分子到组织水平的工程设计。

➡➡新加坡国立大学

新加坡国立大学生物医学工程系成立于 2002 年。提供的核心专业知识包括生物材料、生物力学、生物纳米技术、生物信号处理、生物传感器、生物微流体技术及其

在组织工程、治疗性输送系统、生物医学成像和仪器以及医疗器械等领域的应用。

该本科课程旨在为学生提供工程和生命科学方面的基础知识和通识教育，也可接触到临床应用，课程中特别强调工程设计。学生可以选择以"医学工程"为中心的课程。在最后一年，学生必须参加研究项目。优秀的本科生可以报名参加加速课程，全球工程课程可在四年内授予两个学位，即新加坡国立大学的工程学学士学位和工程学硕士学位。

新加坡国立大学专业体系包括生物材料、生物医学影像、微观纳米技术、生物力学、生物医学机器设备等。

➡ ➡ 帝国理工学院

帝国理工学院的生物工程系在国际上领导着生物工程的发展，在三个主要领域推动该学科前进。生物医学工程：开发改善人类健康的设备、技术和干预措施；生物工程：解决与生命科学及其对健康方面应用的有关问题；生物仿制药：研究生物体的结构和功能，并进行机器设计和工程模拟。

生物工程学是工程学、医学和生命科学的结合体。这是一个快速发展的跨学科领域，其将工程原理和技术应用于医学和生物学领域。作为生物工程师，学生将学习许多课程，包括工程数学、力学、电气工程、计算机与程序设计、解剖与生理学、细胞与分子生物学、化学与设计以及专业技能。

专业特色是通过跨学科活动将工程学与生物医学和临床实践相结合来改善人类健康。这包括：通过基于工程科学的实验、分析技术的创新和实质性应用，获得对生命系统的新知识和新认识；开发新的设备、算法、过程和系统，以促进生物学和医学发展并改善医学实践和医疗保健水平。

▶▶国内高校

➡➡大连理工大学

大连理工大学生物相关学科发展历史悠久，从1985年在化学工程与技术一级学科下设立生物化工方向，到1997年获批生物化工二级学科博士点；从最初的单纯生物发酵与分离工艺的工程化研究发展到与生物学、医学等研究领域的不断交叉与融合；经过三十余年的发展历程，已形成在分子水平上基于生物学原理进行创造和设计，并紧密结合工程学的技术手段，大规模生产出人

类所需各种产品的基础科学与工程技术融合互生的学科特质。2018年,大连理工大学获批国家首批生物工程一级学科博士点,从此该学科发展进入了快车道。

大连理工大学生物工程专业于1998年首批设立并招生,是国家级一流本科专业、国家级特色专业和辽宁省首批一流本科教育示范专业。大连理工大学生物工程专业面向国家"双一流"建设学科目标,依托首批生物工程一级学科,致力于培养生物工程理论和应用研发的高级科技人才。

❖❖培养目标

依托一流研究型大学和生物工程一流学科等优质资源,培养具有人文素养和创新精神,具备数学、物理、化学、生物学及工程学宽厚理论知识基础,掌握现代前沿生物技术,具备在生物制药、生物化工等新一代工业生物技术行业或领域从事科学研究、技术开发、工程设计等方面能力的高素质人才,成为社会主义事业德智体美劳全面发展的高水平建设者和可靠接班人。

具备良好的人文科学素养和工程师执业道德,熟悉生物工程相关行业领域的国家法律法规,具有环境保护意识和社会责任感,理解并能正确评价所设计的工程对

78

象和从事的工程实践活动对文化、健康、安全、环境和社会可持续发展的影响。

能够运用数学、自然科学、工程学基础理论及前沿生物技术知识和现代工具,解决生物工程专业领域的实际复杂工程问题,具有从事本专业领域设计、开发、制造、运行和管理等方面的能力。

能够在生物工程专业实践和多学科背景下的团队中展现独立工作、团结协作和组织领导能力,能主动地适应社会发展和环境变化,具有国际视野,拥有良好的沟通交流和工程项目管理能力。

具有终身学习意识和能力,能通过继续教育或其他途径不断更新知识、提升能力,持续跟踪和了解生物工程专业领域的新知识、新技术、新产品、新标准,并将其应用于专业实践中。

❖❖ **专业特色**

本专业坚持以学生为中心、以"厚基础、强实践、重创新"的人才培养理念,努力造就既有良好科学人文素养,又具备国际视野,富有创新精神、创新能力和强烈社会责任感的高素质人才。该专业在生物制药、生物化工等新一代生物技术产业领域具有鲜明特色和明显优势。生物

工程专业在全国高校专业排名中名列前茅，拥有本科、硕士、博士、博士后流动站完整的人才培养体系。邀请国际知名教授和国内行业专家参与培养过程，带领学生参加以国际基因工程机器大赛（iGEM）为代表的国内外赛事，以提高学生综合素质和国际化水平。

学院有辽宁省生物实验教学示范中心、辽宁省大学生校外实践基地、辽宁省分子识别与成像重点实验室、辽宁省蛋白质修饰与疾病发生重点实验室、辽宁省高校生物工程重点实验室、辽宁省高校生物工程骨干青年教师培训基地等一系列教学科研平台。高水平科研和优秀师资保证了生物工程专业在学生培养方面的质量和水平。近年来，学院本科毕业生继续深造率超过60％，毕业生就业率达100％。

➡➡上海交通大学

上海交通大学生物工程专业隶属于生命科学技术学院。生物工程专业建立于1987年，在大规模污水处理领域享有盛誉。学院全体师生秉承交大"敢为人先"的精神和气魄，以"修德厚爱，健己惠人，强队谐群，凝特聚优"的学院文化为引领，二十多年来，历经从无到有、由弱变强的发展过程，在2016年第四轮全国一级学科评估中，生物学跻身第一方阵。2017 年，生物学被列入国家"双一流"建设学科名单，生物工程一级学科博士点获批建设。

❖❖❖培养目标

生物工程专业是理工结合、以工为主的工科专业，学制 4 年，授予工学学士学位。完成本硕贯通培养方案者可授予硕士学位。特有"卓越工程师教育培养计划"，是贴近企业需求的校企联合培养方式。

本专业以培养学生的实践能力和工程素质为重点，旨在培养具有扎实的现代生命科学理论知识，掌握生物工程和技术的实验技能，并具有较强工程学基础和工程思维的应用型人才。

主要职业方向：可以在生物、环境、化工、食品、制药等领域的企业从事生产技术、工艺开发和管理工作，也可以从事有关微生物菌种培育和发酵、微生物代谢、生物物质的分离纯化、基因工程、酶工程、细胞工程、生物制药和健康食品研制、环境生物工程等方面的科学研究工作。

❖❖❖专业特色

创新型本硕、本硕博贯通培养模式，高学历，高回报。生物＋信息交叉学科创新人才培养，就业形势看好。不

生物工程专业优势高校

断拓展的海外联合办学资源，为学生提供了较多出国深造的机会。学院国际化办学渠道越来越宽，多项短期、长期海外交流以及双学位项目进入常规运行。合作学校包括耶鲁大学、哈佛大学、剑桥大学、罗格斯大学、多伦多大学、康奈尔大学、诺丁汉大学、杨百翰大学、渥太华大学、阿德莱德大学等。提供大量科技创新与社会实践机会，能力培养到位。

➡➡中国农业大学

中国农业大学生物工程专业隶属于食品科学与营养工程学院。历经三十多年的发展，学院具备培养学士、硕士、博士的完整教育体系。学院下设食品科学与工程、食品营养与安全、食品生物工程3个系和1个实验教学中心。学院本科生入校时按食品科学与工程类招生，入校后一、二年级实行统一的基础教学，从三年级开始，分成四个专业，即食品科学与工程、生物工程、食品质量与安全和葡萄与葡萄酒工程。

✥✥培养目标

培养德智体美劳全面发展，具有深厚的人文与自然科学基础，掌握扎实的生物学、化学、食品科学和工程基础知识，能够在食品、生物工程产业及相关领域从事科学研究、技术开发、工程设计、生产管理和教育教学等工作的高级专业人才。

❖❖专业特色

本专业于 2020 年入选北京市一流本科专业建设名单，建设有中国轻工业食品生物工程重点实验室、农业农村部农产品生物加工技术创新团队等省部级科研平台及创新团队等。本专业涉及基因工程、细胞工程、蛋白质工程、酶工程、发酵工程和生物反应工程等教学和研究内容，是国内学科覆盖面最完整的食品生物工程专业之一。具有一支教学能力强、科研实力雄厚的师资队伍。与其他农林院校不同的特点是，更注重宽厚的人文与自然科学基础及国际化教育，立足培养富有高度社会责任感与创新精神的食品行业领军人才。

毕业生就业范围较广，可以到生物制品及食品工程开发等领域的企业从事产品研发、经营管理和市场营销等工作，也可以考取公务员到国家机关、食品安全管理、环保等政府部门和事业单位从事相关工作。每年还有 40% 左右的学生考取硕士研究生。另外，有 20% 左右的学生出国深造，目前深造的国外院校有瓦格宁根大学、普渡大学和康奈尔大学等。

生物工程专业优势高校

➡➡天津大学

天津大学于 1993 年建立生物化工专业，1998 年更名为生物工程专业，2010 年首批入选教育部"卓越工程师教育培养计划"，是全国首批两个国家重点生物化工学科之一，具有博士学位授予权，依托生物化工国家重点学科和系统生物工程教育部重点实验室，形成了四个特色鲜明的研究方向：生物信息学与合成生物学、界面与分子生物工程、生物反应与代谢工程、工业生物过程的系统分析与优化。

❖❖培养目标

在结合天津大学化工学科和南开大学化学学科优势的基础上，突破了原有学科的知识体系，结合国际上十多年在合成生物技术领域的重大科技进展，以及医药、健康、能源、环境等相关产业的国内外重大需求，突出了生命科学、化学、化学工程学、计算机信息学等多学科的交叉融合，以培养具有创造性地解决合成生物学领域的科学技术问题的创新能力为首要目标。本专业着重培养具备系统的合成生物学知识和创新研究能力的高级专业人才。

❖❖❖ 专业特色

依托生物化工国家重点学科和系统生物工程教育部重点实验室,拥有本科、硕士、博士、博士后流动站的完整人才培养体系。与多所国际著名高校建立了广泛深入的合作关系,聘请国外专家授课,开展学生互换交流活动,与美国约翰斯·霍普金斯大学合作开设"基因组的人工设计合成"等国际前沿课程。学生在本科生国际最高水平赛事——国际基因工程机器大赛(麻省理工学院主办)和国际生物分子设计大赛(哈佛大学主办)中获得 21 枚金牌。本专业学生在国内高校和研究所攻读硕士、博士学位或出国深造的人数较多。

应届本科毕业生主要去向:出国深造(约为 20%),在国内高校和研究所攻读硕士、博士学位(约为 40%,其中保送生约为 20%),国有大中型企事业单位(约为 20%),外企、民企和自主创业(约为 20%)。主要就业方向:生物医药、生物化学品、生物能源等领域的研发、生产和销售。学生出国深造的国际著名高校包括哈佛大学、耶鲁大学、麻省理工学院、普林斯顿大学、加利福尼亚大学伯克利分校、康奈尔大学、杜克大学、密歇根大学、伊利诺伊大学香槟分校、剑桥大学和鲁汶大学等。

生物工程专业优势高校

➡➡华东理工大学

华东理工大学生物工程专业是国家特色专业,其办学历史起源于 1955 年创建的"抗生素制造工学专业",多年来为我国化工、医药、食品等领域培养了一大批科学、工程和技术人员。学院拥有生物反应器工程国家重点实验室和国家生化工程技术研究中心(上海)两个国家级科研基地、多个省部级科研基地及若干个研究所(中心)。

✦✦培养目标

秉承以学生为中心、以学习成果为导向的培养理念,培养德智体美劳全面发展,具备数学与自然科学、生物学与工程学的基础知识,掌握生物产品生产的科学原理,熟悉生物制造过程与工程设计理论和技能,能够在生物工程领域从事产品过程设计、生产与管理、产品研发工作,解决复杂生物工程问题的高级专业人才。专业教学经过长期实践与提炼,形成"坚持生物学与工程学相结合,顺应生物工程宽口径的发展与需求,依托雄厚的学科背景、坚持产学研互动的教学模式",切合高素质生物工程专业人才培养的目标,突显了本专业人才培养的特点与优势。依托生物反应器工程国家重点实验室和国家生化工程技术研究中心(上海),以及生物工程、生物化工、生物化学与分子生物学三个博士点和硕士点学科基地，国内外顶尖的学科带头人和中青年学术骨干，一流的教学科研设施和雄厚的师资力量，为本专业的教学提供了坚实的保障。

❖❖❖专业特色

生物工程专业在基因工程、生物催化工程、药物研发、动植物细胞培养、发酵工程、生物产品分离纯化、生物制药工程等领域形成了科研与教育相融合、理论与实践相结合的办学特色。

毕业生去向：在国内外攻读研究生，包括到美国、英国、德国等国际知名高校，中国科学院各研究所，清华大学、北京大学、上海交通大学及本校等继续深造。进入生物工程研发单位，生物医药相关企业、事业单位和政府机构。近五年就业率为100％。

生物工程专业优势高校

学了生物工程能做什么？

> 假如我有一些能力的话，我就有义务把它
> 献给祖国。
>
> ——林耐

早在 2016 年 12 月，教育部、人力资源和社会保障部、工业和信息化部联合印发了《制造业人才发展规划指南》（以下简称《指南》），对制造业十大重点领域的人才需求做出了预测。在这份预测中，新一代信息技术产业、高档数控机床和机器人、航空航天装备、新材料、生物医药及高性能医疗器械等十个领域榜上有名。2020 年，生物医药及高性能医疗器械领域的人才缺口是 25 万人；2025 年，生物医药及高性能医疗器械领域的人才缺口将会达到 45 万人。从事生物医药产品研究与开发的人才严重不足，已成为制约我国生物医药产业发展的瓶颈。

▶▶ 就业分析

生物工程与人类社会发展密切相关,尤其与人类健康关系紧密,为目前人类面临的五大问题——人口膨胀、资源短缺、能源危机、粮食不足、环境污染提供了解决方案。因此,生物工程专业的社会认可度高,人们对本专业有较高的期望。此外,生物工程把先进高端的生命科学和应用联系起来,是非常热门的专业,前景十分看好。

本专业毕业生知识范围广,既有较强的生物学知识基础,又有扎实的工科知识基础,二者有机结合,应用广泛。本专业学生较容易转到与生物相关的交叉学科,如生物医学工程、生物物理、化学与生物学等。本专业注重学生动手操作能力,毕业生具有很强的分析问题、解决问题的能力,可以进行独立课题实验,提交专业论文。

▶▶ 专业出路

➡➡ 国内读研/博

生物工程专业的学生读研的比例很大。若想在本学科有所建树或从事高级技术工作,学生一般会选择读研进一步深造。读研选择余地大,可以转向很多相关领域及新型交叉学科,如生物、计算机、人工智能、机械、制药、

食品等；保研概率比较大，且各学校、各科研院所交叉保送机会很大。读研如选择生命科学类专业，则向理科研究方向发展，一般会从事研究工作；如继续本专业或转向发酵工程、生物制药等专业，硕士毕业后会有很好的就业前景。

学生继续深造可以攻读博士学位。我国在 2018 年首次设立了生物工程一级学科博士点，目前有 7 所高校获批设立，包括上海交通大学、大连理工大学、北京化工大学、华中农业大学、华东理工大学、云南农业大学和中国农业大学。

➡➡找工作

本专业毕业生适合医药、食品、环保、商检等部门中生物产品的技术开发、工程设计、生产管理及产品性能检测分析等工作及教学部门的研究与教学工作。本科生直接从事科研方面工作的可能性不大，部分毕业生可从事相关专业的下游技术工作，需要进一步积累经验和培养实践操作能力。

➡➡出国发展

生物工程属于综合交叉发展学科，与应用联系紧密，国外很多著名大学都很注重其发展，出国深造概率很大。

中国的著名高校一般都与国外大学建立了友好交流关系，会推荐此类专业的学生出国学习或联合培养。

▶▶ 领军人物

➡➡ 农业生物工程领域

袁隆平，中国杂交水稻育种专家，中国研究与发展杂交水稻的开创者，被誉为"世界杂交水稻之父"。国家杂交水稻工程技术研究中心、湖南杂交水稻研究中心原主任，湖南省政协原副主席，中国工程院院士，美国国家科学院院士，中国发明协会会士，湖南农业大学名誉校长。

袁隆平是杂交水稻研究领域的开创者和带头人，致力于杂交水稻技术的研究、应用与推广，发明"三系法"籼型杂交水稻，成功研究出"两系法"杂交水稻，创建了超级杂交稻技术体系。提出并实施"种三产四"丰产工程，运用超级杂交稻的技术成果，出版中、英文专著 6 部，发表论文 60 余篇。

2018 年 9 月 8 日，袁隆平获得"未来科学大奖"生命科学奖。2018 年 12 月 18 日，党中央、国务院授予袁隆平"改革先锋"称号，颁授改革先锋奖章。2019 年 9 月 17 日，袁隆平被授予"共和国勋章"。2020 年 11 月 28 日，袁

隆平当选 2020 中国经济新闻人物。

➡➡生物防御新型疫苗和生物新药领域

陈薇，生物安全专家，中国人民解放军军事科学院军事医学研究院生物工程研究所研究员，中国工程院院士。长期从事生物防御新型疫苗和生物新药研究，主持建成创新体系和转化基地，成功研发我军首个病毒防治生物新药、我国首个国家战略储备重组疫苗和全球首个新基因型埃博拉疫苗。2014—2015 年，西非埃博拉疫情期间，陈薇率队赴非洲疫区完成埃博拉疫苗临床试验。该疫苗是第一个在境外开展临床研究的中国疫苗。作为通讯作者在 *The Lancet*、*The Lancet Global Health*、*Nat Nanotechnol*、*Advanced Materials* 等期刊发表文章，以第一发明人获中国、美国、日本等发明专利授权 30 项，以第一完成人获国家技术发明二等奖、军队科技进步一等奖，获中国十大杰出青年、中国青年女科学家奖、何梁何利基金科技进步奖等。历经狙击非典、汶川救灾、奥运安保、援非抗埃等重大任务历练，带出一支学科交叉、拼搏奉献的生物防御队伍，2018 年获军队科技创新群体奖。

王军志，生物制品与生物药学专家，中国工程院院士。从事生物药质量评价关键技术研究，多项技术方法和标准纳入《中国药典》和国际技术指南。在重大突发传染病防控、重大药害事件查处、国家生物制品批签发、国家疫苗监管体系建设及药品监管决策中均发挥了重要的技术支撑作用,为保障公众用药安全、促进创新生物药成果转化及参与国际竞争发挥了重要作用。作为第一或通讯作者在 *The New England Journal of Medicine*、*The Lancet*、*Nature*、*Science* 等杂志发表论文 110 余篇。获得国家科技进步二等奖 3 项(2 项排名第一,1 项排名第二)、国家技术发明二等奖 1 项(排名第三)。先后获得白求恩奖章、中国药学发展奖创新药物奖特别贡献奖、首届全国创新争先奖等荣誉。

➡➡食品发酵领域

陈坚,发酵与轻工生物技术专家,江南大学教授,中国工程院院士。针对发酵工业中高产量、高转化率、高生产强度三大关键工程技术难题,创新开发出一系列工程技术,应用于典型发酵产品工业生产。主要工作包括:改进发酵微生物筛选技术,发展代谢调控方法,提升发酵工程理论水平;突破重组酶大规模发酵瓶颈,支撑酶技术改造传统行业,实现节能减排;创新酮酸和柠檬酸发酵模式,保障重要有机酸发酵技术的国际领先地位。在权威杂志发表论文 146 篇,获中国发明专利 88 件、国际发明

专利8件；以第一完成人获国家技术发明二等奖2项、国家科技进步二等奖1项、何梁何利基金科学与技术创新奖、中国专利金奖；国家"973"项目首席科学家、国家杰出青年基金获得者；全国百篇优秀博士学位论文指导教师。

➡➡ **生物化工领域**

欧阳平凯，生物化工专家，南京工业大学教授，中国工程院院士。长期从事生物化工领域的教学与工程研究。组建和领导了国家生物化工技术研究中心；创造性地提出运用组合合成的方法构建与优化生物化工过程，在复杂的酶系中将反应与反应组合、反应与生物膜组合、反应与分离组合，使我国FDP、L-丙氨酸、L-苯丙氨酸、L-苹果酸的生产技术达到国际先进水平；首创了利用反应与分离耦合技术在高固含量拟低共熔体系所实现的单槽过程，大幅度提高了反应速度与产物浓度，缩短了流程，降低了成本；研发了包括气升式等系列高效生物反应器、生物分离等单元操作装置，率先形成批量生产与工程配套能力，促进了我国用生物技术生产专用化学品新领域的发展。多次获得国家和省部级奖励，"反应分离耦合技术及其在酶法合成手征性化合物中的应用"获2000年国家科技进步一等奖、"酶法合成手征性化合物新技术的研究"获1998年国家化工科技进步一等奖、"生物分离技术"获 2000 年江苏省教学成果一等奖。发表论文 300 余篇,申请专利 70 余项,出版专著 5 部。

➡️➡️农药化学品生物制造领域

郑裕国,生物化工专家,浙江工业大学生物工程学院院长、教授,中国工程院院士。长期从事医药和农药化学品生物制造工程技术创新,建立了以生物技术为核心,融合有机合成、化学工程原理和方法的生物有机合成技术新体系。发明了最大假糖类农药井冈霉素高端品种及其衍生物生物合成新技术,实现了井冈霉素的绿色化和高值化;成功开发最大糖苷酶抑制剂类降糖药阿卡波糖生物合成新菌种和新技术,通过工程技术全程创新,打破了我国长期依赖进口的局面;发明系列生物催化剂筛选、改造和工业应用新技术,实现医药、农药化学品生产过程重构、强化和替代。授权发明专利 90 余件,发表 SCI 收录论文 200 余篇,主编出版教材、专著 3 部。作为第一完成人获国家技术发明二等奖 2 项、国家科技进步二等奖 1 项、省部级科学技术一等奖 6 项和二等奖 1 项。

➡️➡️生物芯片领域

程京,医学生物物理学家(生物芯片方向),清华大学医学院生物医学工程系教授,中国工程院院士。在生物

芯片的研究中有重要建树和创新。主持建立了国内急需的疾病预防、诊断和预后分子分型芯片技术体系，领导研制了基因、蛋白质和细胞分析所需的多种生物芯片，实现了生物芯片所需全线配套仪器的国产化。主持研制了生物芯片类产品及配套仪器 70 余种，获国内外发明专利237 项，获中国医疗器械注册证 58 个，获欧盟 CE 认证证书 38 个，获批临床诊断类生物芯片行业标准 7 项、国家标准 14 项。实现了国产生物芯片类产品向欧美等发达国家的批量出口，累计销售收入超 66 亿元。主编中英文著作各 4 部，在 *Nature Biotechnology*、*Nature Communications* 等 SCI 期刊发表论文 150 余篇，他引 9 000 余次。曾两次获国家技术发明奖二等奖，获何梁何利基金科学与技术创新奖、谈家桢生命科学创新奖、首届中国留学人才归国创业"腾飞"奖"十大杰出人物"、中国工程院光华工程科技奖、中国首届杰出工程师奖、中华医学科技奖二等奖、谈家桢生命科学成就奖、2016 年度北京十大榜样等奖励和荣誉。

➡➡基因工程药物及抗体药物领域

侯云德，医学病毒学家，中国疾病预防控制中心病毒病预防控制所院士实验室主任，传染病国家重大专项技术总师，中国工程院院士。从事医学病毒学研究已有半个多世纪,在分子病毒学、基因工程干扰素等基因药物的研究和开发以及新发传染病控制等方面具有突出建树,为我国医学分子病毒学、基因工程学科和生物技术的产业化,以及传染病控制方面做出了重要贡献。在国内外共发表论文 400 余篇,主要著作 9 部。曾荣获国家科学技术进步奖一等奖 2 项、二等奖 7 项,国家自然科学奖二等奖 2 项,国家技术发明奖三等奖 1 项,卫生部科学技术进步奖一等奖 10 项。获国家新药证书 7 个。

沈倍奋,免疫学家,军事医学科学院基础医学研究所研究员,中国工程院院士。早期组建了分子免疫学全军重点实验室,在中国较早开展单克隆抗体制备及其临床应用等方面的研究;研制的免疫毒素是我国单克隆抗体衍生物最早申请新药审评的制品;粒细胞/巨噬细胞集落刺激因子 1997 年获得我国新药证书。近年来致力于基因工程抗体、免疫调节和干预等领域研究;组建了国家"863"抗体工程研发基地,建立了"抗体人源化""基于抗原-抗体相互作用结构信息设计抗体类分子"等创新抗体研发技术,多个创新抗体药物进入临床研究,极大地推动了我国抗体产业的快速发展。有关研究结果获国家发明专利 30 余项,发表论文 600 余篇,5 种抗体药物获批临床

研究，主编专著 5 部。获国家科技进步奖二等奖 2 项，军队科技进步奖一等奖 2 项、二等奖 9 项。

➡➡生物医学材料领域

李校堃，微生物与生物技术药学专家，温州医科大学党委副书记、校长，中国工程院院士。主要聚焦以生长因子为代表的蛋白质药物基础理论研究与新药研发，尤其是成纤维细胞生长因子（FGFs）家族蛋白质的功能、系统理论与新药研究。在国际上率先开发出多种促组织损伤与再生修复的一类新药和三类载药医疗器械，广泛应用于烧伤、难愈性溃疡、重大灾害性创伤和国防战伤救治；发现并系统阐明了 FGFs 家族蛋白质与代谢疾病相关机制，提出"生长因子代谢轴"理论假说，为相关代谢疾病的诊治提供了新思路，为生长因子治疗代谢病的新药研发奠定了重要基础。在 *Nature*，*Cell Metabolism*，*Molecular Cell*，*Circulation* 等杂志发表论文 200 余篇。曾获国家技术发明奖二等奖、国家科技进步奖二等奖、教育部自然科学奖一等奖、何梁何利基金科学与技术进步奖、谈家桢生命科学奖、光华工程科技奖和转化医学突出贡献奖等重要奖项。

➡➡肿瘤治疗领域

詹启敏,分子肿瘤学家,中国工程院院士。长期致力于肿瘤分子生物学和肿瘤转化医学研究,在国际上率先发现和系统揭示了细胞周期监测点关键蛋白质的作用和机制,阐明多个重要细胞周期调控蛋白质在细胞癌变和肿瘤诊断与个体化治疗中的作用。近年来,在基因组水平全面系统地揭示了食管癌的遗传突变背景,为了解食管癌的发病机理、寻找食管鳞癌诊断的分子标志物、确定研发临床治疗的药物靶点提供了理论和实验基础。主编学术著作 5 部,发表 SCI 论文 240 多篇,SCI 他引超过14 000次。

➡➡酶工程领域

姚斌,微生物与酶工程专家,中国工程院院士。长期从事饲料用酶工程研究,建立了完整、高效的饲料用酶研发体系,开发了系列产品,支撑我国饲料用酶迅速发展成具有国际竞争力的高新技术产业。1998 年实现了植酸酶的产业化生产,成为我国饲料用酶国产化的起点。拓展了饲料用酶研究与应用的新领域,成功研发了 19 种饲料用酶,成为我国市场上的主导产品,实现了饲料用酶的普及应用。作为第一完成人获国家科技进步奖二等奖 2

项,获北京市科学技术奖励一等奖和中华农业英才奖。

▶▶行业代表性企业

生物工程是一门新兴的综合性应用学科,在食品与发酵、基因检测与医疗、食品添加剂与生物制品、靶向药物等领域应用广泛。

➡➡食品与发酵行业领域

中粮生物科技股份有限公司(简称"中粮科技")是目前国内规模较大、技术领先的玉米深加工企业之一,致力于成为优秀的营养、健康、低碳、环保的生化制品提供者。秉承可持续发展理念,中粮科技以产自中国东北地区"黄金玉米带"的优质玉米为主要原料,利用现代生物科技进行深加工,为全球客户提供食品配料和食品添加剂的解决方案,同时提供清洁能源和绿色生物质材料,为保障食品安全、提升人类生活品质做出贡献。中粮科技20余家企业分布在中国黑龙江、吉林、河北、安徽、湖北、四川、广西以及泰国各地,资产规模超过180亿元,具有每年700万吨玉米加工能力,主要产品包括淀粉、果糖、燃料乙醇、食用酒精、味精、柠檬酸、聚乳酸、功能糖醇和变性淀粉等。

中粮生化能源（龙江）有限公司每年加工净化玉米80万吨，主要产品为玉米淀粉、味精，副产品有粗玉米油、胚芽粕、玉米蛋白粉、玉米纤维饲料、菌体蛋白质和复合肥等。中粮生化能源（榆树）有限公司每年可加工转化玉米72万吨，主要以玉米为原料，通过生物工程技术精深加工，生产玉米淀粉、淀粉糖浆、玉米蛋白粉、玉米原油、柠檬酸及其他衍生产品。中粮生化能源（公主岭）有限公司加工玉米能力为每年70万吨，主要产品有玉米淀粉、果葡糖浆、麦芽糖浆、麦芽糊精、玉米蛋白粉、喷浆玉米皮、低聚异麦芽糖等。宿州中粮生物化学有限公司每年加工淀粉质农产品50余万吨，主要产品有无水乙醇、优级食用酒精、全价高蛋白质颗粒饲料和新型饲料。广西中粮生物质能源有限公司是由中粮集团和中石化集团共同投资兴建的，主要产品有燃料乙醇、食用酒精、二氧化碳和饲料等。中粮生化能源（衡水）有限公司年产10万吨果葡糖浆。武汉中粮食品科技有限公司拥有年产28.8万吨淀粉糖的生产能力和年产11万吨的果葡糖浆项目。中粮融氏生物科技有限公司拥有年产25万吨淀粉糖的生产能力，是长三角地区较大的淀粉糖生产企业之一。中粮生化（成都）有限公司主要产品有果葡糖浆、麦芽糖浆、葡萄糖浆、低聚异麦芽糖浆、啤酒糖浆等系列高端产

品。果葡糖浆项目产能可达每年 12 万吨。中粮天科生物工程(天津)有限公司主要从事粮油及副产物中天然活性物质的提取、研发、工程技术咨询与服务，以及食品、食品添加剂、营养强化剂、复配食品添加剂、保健食品等工业化生产。主要产品有天然维生素 E 系列、植物甾醇系列、复配抗氧剂系列、营养健康食品系列和保健食品系列。中粮生化(泰国)有限公司柠檬酸产品产量为每年 4 万吨，利用中粮的品牌、大客户渠道、非转基因木薯原料等竞争优势，70％以上的产品出口美国、巴西、以色列以及东南亚地区国家，供应可口可乐、宝洁、亿滋等国际知名客户。马鞍山中粮生物化学有限公司以农产品(玉米)为原料，生产柠檬酸及其盐类产品，产品广泛应用于食品工业酸味剂、增溶剂、抗氧化剂、除腥脱臭剂等领域。安徽中粮油脂有限公司年加工玉米胚芽、油菜籽、花生、大豆等油料作物 60 万吨，年生产食用油脂 13 万吨，年灌装能力达 20 万吨。主要产品有玉米胚芽、菜籽、花生、大豆等高级食用油。吉林中粮生物材料有限公司是一家专注生产生物基材料(聚乳酸)的现代化企业。项目年产 3 万吨生物基原料(聚乳酸)和生物基制品。中粮黑龙江酿酒有限公司主要生产和销售各香型白酒，年产能为 5 000 吨。

中粮科技拥有玉米深加工国家工程研究中心、国家能源生物液体燃料研发(实验)中心、1个国家级企业技术中心和3个院士工作站,着眼于国内外行业前沿,对高技术、高附加值产品进行工程化研究,不断为玉米深加工产品的规模化生产提供关键技术,各项研究成果能够迅速转化为生产力并推向市场。截至目前,中粮科技已累计申请发明及实用新型专利900余项,已获得授权专利360余项。

➡➡基因检测与医疗领域

深圳华大基因股份有限公司(简称华大基因)成立于1999年,是全球领先的生命科学前沿机构,秉承"基因科技造福人类"的使命,将前沿的多组学科研成果应用于医学健康、农业育种、资源保存等领域,推动基因科技成果转化,实现基因科技造福人类。华大基因坚持"以任务带学科、带产业、带人才",先后完成了国际人类基因组计划"中国部分"(1%,承担其中绝大部分工作)、国际人类单体型图计划(10%)、第一个亚洲人基因组图谱(炎黄一号)、水稻基因组计划等多项具有国际先进水平的基因组研究工作,彰显了世界领先的测序能力和生物信息分析能力,也奠定了中国在基因组学研究领域的国际领先地位。根据业务需要,华大基因在全球设立四大片区,分别

为中国内地、亚太、南北美和欧非片区，除在主要城市设立分部外，还有多个业务中心、代表处，各片区依托华大基因先进的测序和检测技术、高效的信息分析能力、丰富的生物资源、多学科结合的生物科研体系，为当地的科研工作者提供创新性生物研究服务，为当地民众提供生物科技在医疗、农业、环境等领域的应用服务。

华大基因已经形成了科学、技术、产业相互促进的发展模式，拥有一支世界一流水平的产学研队伍，建立了核酸测序平台、蛋白质谱平台、细胞学平台、动物克隆平台、微生物平台、动物平台、海洋生物平台、信息技术平台，并作为核心单位参与国家基因库的构建，成立了生育健康中心和临床及医学健康中心，进一步促进基因组学研究成果向人类健康服务、环境应用、生物育种等方面的应用转化。

➡➡食品添加剂与生物制品领域

安琪酵母股份有限公司是从事酵母及酵母衍生物产品生产、经营、技术服务的专业化公司，是国家重点高新技术企业，是中国酵母行业的排头兵。公司主导产品包括面包酵母、酿酒酵母、酵母抽提物、营养酵母、生物饲料添加剂等。产品广泛应用于烘焙食品、发酵面食、酿酒及酒精工业、食品调味、医药及营养保健、动物营养等领域。公司主营业务是酵母及深加工产品、生物制品、食品添加剂、饲料添加剂、豆制品、奶制品、调味品、粮食制品的生产和销售；生化产品的研制和开发；生化设备、自控仪表等的加工、安装和调试。公司前身为宜昌食用酵母基地，始建于 1986 年，是由原国家科委中国生物工程开发中心、中科院微生物所、国家计委科技司三家联合建议立项，国家计委布点的全国唯一一家活性干酵母工业性试验基地。1998 年改制设立安琪酵母股份有限公司，2000 年公司股票在上海证券交易所挂牌上市。

➡➡ 靶向药物领域

百济神州生物科技有限公司(简称"百济神州")是一家植根中国的全球性商业化生物制药公司，致力于成为分子靶向药物和免疫肿瘤药物研发及商业创新领域的全球领导者。目前，百济神州拥有 47 款商业化及临床阶段候选药物，是首家在中国和全球范围内同步开展注册性临床试验的药企。公司在全球拥有超过 5 400 名员工，其中包括 450 余名研究人员及 1 600 余名临床医学专家。在研产品包括口服小分子制剂和单克隆抗体抗癌药物。同时，百济神州致力于开发能够给癌症患者带来长期效果的联合疗法。现拥有 3 款处于临床后期的自主研发候

选药物和 4 款已经上市的肿瘤药在中国的市场化权利，1 款已经上市的肿瘤药在美国的市场化权利。2019 年 11 月 15 日，百济神州自主研发的抗癌新药 BTK 抑制剂泽布替尼成为第一个在美国获批上市的中国本土创新药；另一款创新生物药 PD-1 替雷利珠单抗也于 2019 年底在中国获批上市。

➡➡ 基因工程药物领域

长春高新技术产业(集团)股份有限公司(简称"长春高新")作为国内基因工程生物制药企业，覆盖了创新基因工程制药、生物疫苗和现代中药等多个医药细分领域。

长春高新旗下金赛药业的重组人生长激素国内市场占有率约为 70%，重组人促卵泡激素是国内第一个上市的国产基因重组产品，国内市场占有率约为 7%。长春高新旗下的百克生物的水痘减毒活疫苗采用国际上广泛使用的 Oka 株为水痘疫苗毒株，以公司独立研制的疫苗冻干保护剂作为冻干保护溶液，是国内首个去除动物源明胶成分的水痘疫苗，也是全球最长有效期(36 个月)的水痘减毒活疫苗。

➡➡ 生物制品与疫苗领域

重庆智飞生物制品股份有限公司(简称"智飞生

物")于 2002 年投入生物制品行业，旗下拥有 5 家全资子公司及 1 家参股子公司，其中北京智飞绿竹生物制药有限公司及安徽智飞龙科马生物制药有限公司为高新技术企业。智飞生物是一家集疫苗、生物制品研发、生产、销售、推广、配送及进出口为一体的生物高科技企业。2021 年 3 月，由中国科学院微生物研究所和重庆智飞生物制品股份有限公司联合研发的重组新型冠状病毒疫苗（CHO 细胞）获批紧急使用。该疫苗采用基因工程技术，在 CHO 细胞内表达病原体抗原 RBD 蛋白，经过纯化加入氢氧化铝佐剂制成。整个生产过程是蛋白质表达和纯化的过程，没有活病毒参与，生产过程安全，也容易大规模生产。

➡➡基因治疗领域

基因治疗是现代生物医药治疗史上一次崭新的革命。随着 20 世纪七八十年代 DNA 重组、基因克隆等技术的成熟，基因治疗领域迎来了新的里程碑：美国食品药品监督管理局（简称 FDA）批准了 3 款基因疗法上市；中国重视基因治疗等相关的基础研究、目标产品及管件技术的研发，中国基因治疗领域的相关企业持续增长。

❖❖北京五加和分子医学研究所

北京五加和分子医学研究所成立于 2005 年,致力于病毒载体的不断创新和产业化推进,努力促进基因治疗从基础研究走向临床试验。公司拥有分子生物学实验室、病毒载体实验室、疫苗研究实验室以及哺乳动物细胞生物反应器无血清悬浮培养工艺试生产车间。业务范围涉及基于无血清哺乳动物细胞培养的病毒载体、病毒疫苗、病毒样颗粒、重组蛋白以及细胞制品的早期开发、生产和技术服务。

❖❖和元生物技术(上海)股份有限公司

和元生物技术(上海)股份有限公司(简称"和元生物")成立于 2013 年 3 月,是一家集基础研究服务、基因治疗药物研发和临床级重组病毒产业化制备三大发展方向于一体的高新技术企业。通过"院校合作＋科研服务＋产业化支持"的商业模式,专注于向国内的科研院校、医疗机构、医药企业等提供基因治疗研究的整体解决方案。

❖❖北京奥源和力生物技术有限公司

北京奥源和力生物技术有限公司(简称"奥源生物")成立于 2005 年,是国内第一家致力于以单纯疱疹病毒为载体的基因治疗创新药物开发、生产和销售的生物技术公司。奥源生物拥有 HSV-1 载体平台，该平台拥有自主知识产权。奥源生物的重组人 GM-CSF 单纯疱疹病毒注射液是一种经重组减毒的复制型 I 型单纯疱疹病毒溶瘤性载体，用于恶性实体瘤的基因治疗，已经完成 I 期临床试验。

❖❖上海希元生物技术有限公司

上海希元生物技术有限公司（简称"希元生物"）主要从事癌症靶向生物治疗药物的研发工作。肿瘤靶向基因-病毒治疗是将抗肿瘤基因插入载体即肿瘤特异性增殖病毒中，载体在肿瘤细胞内复制时抗肿瘤基因也能够同样增殖，从而实现靶向杀死肿瘤细胞。目前，公司已成功开展了抗癌药物"重组人肿瘤靶向基因-病毒（ZD55-IL-24）注射液"的临床前研究，同时正将对多个在研重要抗癌专利产品进行临床前期的研发。

❖❖深圳市赛百诺基因技术有限公司

深圳市赛百诺基因技术有限公司（简称"赛百诺公司"）是我国基因治疗产业领域内的开拓者，其自主研发的重组 Ap-p53 腺病毒注射液早在 2003 年就获得原国家食品药品监督管理局颁发的新药证书，成为世界上第一个获得官方批准上市的基因治疗新药。赛百诺公司继续对"静脉给药

学了生物工程能做什么？

型重组人 p53 腺病毒注射液"和"双基因重组溶瘤腺病毒注射液"进行研制开发，并引进了 2 个外部新产品项目"蛋白A 免疫吸附系统"和"腺病毒多聚阳离子包被技术"。其中，"静脉给药型重组人 p53 腺病毒注射液"是"今又生"的改进型，更适于静脉给药，也可局部给药。

➡➡ 抗体药物领域

在新药研发的历史长河中，当人类对许多恶性肿瘤疾病一筹莫展时，单克隆抗体及生物技术药物在临床治疗中发挥了强大作用，从而带动了生物技术药物市场的快速增长。

抗体是指机体在抗原性物质的刺激下产生的一种免疫球蛋白，它可以与细菌、病毒或毒素等异源性物质结合而发挥预防和治疗疾病的作用。近年来，抗体药物以其高特异性、高亲和力以及较少药物副作用等优势在临床治疗中有较好的应用前景。

❖❖ 正大天晴药业集团

正大天晴药业集团（简称"正大天晴"）是一家从事医药创新和高品质药品的研发、生产与销售的创新型医药集团，致力于为患者提供更佳的健康解决方案和优质可负担的医药资源，是国内知名的肝病、抗肿瘤药物研发和生产基地。

正大天晴以民生需求为导向,依托卓越的研发创新能力和强大的生产制造能力,重点打造抗肿瘤、肝病、呼吸、感染、内分泌和心脑血管 6 大产品集群,20 多个年销售过亿元的产品形成"亿元产品群"。除肝病领域外,在抗肿瘤领域,形成以一类新药安罗替尼(福可维)为代表的领先的抗癌创新药产品线。血液肿瘤领域产品线丰富,地西他滨(首仿)、伊马替尼(首仿)、达沙替尼(首仿)、硼替佐米、来那度胺等已上市,实体瘤产品阿比特龙、吉非替尼等已上市;呼吸、抗生素等领域也将是未来发展的重点方向;生物药方面,拥有较完善的生物药技术平台,产品线布局丰富,利妥昔单抗注射液、贝伐珠单抗注射液、阿达木单抗注射液、注射用曲妥珠单抗也将陆续上市。在国际市场,抗肿瘤无菌注射液氟维司群、注射用福沙匹坦双葡甲胺等多个产品赢得欧美市场的青睐。

❖❖❖江苏恒瑞医药股份有限公司

江苏恒瑞医药股份有限公司(简称"恒瑞医药")是一家从事医药创新和高品质药品研发、生产及推广的医药健康企业,创建于 1970 年,2000 年在上海证券交易所上市,是国内知名的抗肿瘤药、手术用药和造影剂的供应

学了生物工程能做什么?

商，也是国家抗肿瘤药技术创新产学研联盟牵头单位，建有国家靶向药物工程技术研究中心、博士后科研工作站。

在市场竞争的实践中，恒瑞医药坚持以创新为动力，打造核心竞争力。在美国、日本和中国等国家建有研发中心或分支机构，打造了一支3 400多人的研发团队，其中包括2 000多名博士、硕士及200多名海归人士。近年来，公司先后承担了国家重大专项课题44项，已有6个创新药艾瑞昔布、阿帕替尼、硫培非格司亭、吡咯替尼、卡瑞利珠单抗和甲苯磺酸瑞马唑仑获批上市，一批创新药正在临床开发，并有多个创新药在美国开展临床实验。公司累计申请国内发明专利894项，拥有国内有效授权发明专利201项，国外授权专利286项，专有核心技术获得国家科技进步奖二等奖2项，中国专利金奖1项。

恒心致远，瑞颐人生。恒瑞医药一直秉承"科研为本，创造健康生活"的理念，以建设中国人的跨国制药集团为总体目标，拼搏进取、勇于创新，不断实现企业发展的新跨越和新突破。

奠基者及关键技术

　　科学的进步取决于科学家的劳动和他们的
发明的价值。

——巴斯德

　　生物工程学科的发展源于生物科学的发展，是在对
生命现象和生命过程规律深刻认识的基础上发展起来
的。自 1901 年诺贝尔奖首次颁发至今，在这一个多世纪
的岁月中，生物学的发展便与诺贝尔奖结下了不解之缘。
在诺贝尔化学奖中获奖最多的是有关生物化学（生物大
分子）的研究。诺贝尔生理学或医学奖的每次颁奖更是
作为当时生物学发展的标志。这些关键技术的突破大大
促进了生物工程的发展。

▶▶列文虎克与显微镜

列文虎克（1632—1723），荷兰显微镜学家，微生物学的开拓者。1632年，列文虎克出生于荷兰的代尔夫特，因家境贫寒，16岁的列文虎克离开了学校，到荷兰首都阿姆斯特丹一家杂货铺当学徒。每晚店铺打烊后，他靠着昏暗的烛光阅读借来的书籍，书中天文学、生物学方面的知识，引起了他对自然科学的浓厚兴趣。杂货铺的隔壁是一家眼镜店，这是列文虎克最爱去的地方，他一有空就到眼镜店学习磨制玻璃片的技术。此后，磨制镜片的沙沙声几乎伴随了列文虎克的一生。

告别了学徒生活，列文虎克做了市政府的看门工人，工作极为简单，收入仅够过日子。列文虎克有自己的兴趣，他最大的爱好就是不停地磨镜片。他知道，通过镜片看到的东西比肉眼看到的大得多，这非常有趣。他发誓要磨出世界上最好的镜片。日子一天天过去，他磨呀磨呀，终于磨出了光洁透亮的镜片。他把两块镜片隔开一些距离，固定在一块金属板上，再装上一个调节镜片的螺旋杆，一台"魔镜"便做成了。"魔镜"可将物体放大300倍，这就是世界上第一台显微镜。

这台显微镜能干什么呢？凡能到手的东西，列文虎克都用显微镜来看看。他观察了昆虫的器官、树木的横断面和植物的种子等。他对任何东西都感兴趣，都要仔细观察。可是，当他把身边和周围能够观察的东西都看过之后，便开始不满足了。他觉得应该有一个更大、更好的显微镜。为此，列文虎克更加认真地磨制镜片。他毅然辞了公职，并把家中的一间空房改成实验室。几年以后，列文虎克制成的显微镜越来越精巧，可以把细小的东西放大两三百倍。列文虎克总是一个人在小屋里耐心地磨制镜片，观察他所感兴趣的东西。1669 年，他在给英国皇家学会的报告中宣布他看到了"大量难以相信的、极小的、活泼的物体"，并将其称为"微动物"。列文虎克把观察到的内容写成了一部划时代的著作《自然界的秘密》，分成 7 卷出版。在他的一生中，手工磨制的镜片达 419 枚，制成 247 台简易显微镜和 172 台小型放大镜。

他在给英国皇家学会的一封信中说："一个人要有所成就，必须呕心沥血，孜孜不倦。"列文虎克通过锲而不舍的努力、精心的设计、细致的观察，取得了很好的成绩，推动了人类自然科学的进步。

▶▶**詹纳与免疫**

詹纳(1749—1823)，英国医学家，以研究及推广牛痘疫苗、防治天花而闻名，被称为免疫学之父。

天花，人类历史上最古老也是死亡率最高的传染病之一，从公元前1000年到19世纪，它是最可怕的人类杀手。天花通过空气传播，死亡率高达35％。18世纪仅仅在欧洲死于天花的患者就多达1.5亿人，其中多数是孩子，就算活下来的人也会留有严重的后遗症。18世纪末，英国乡村医生詹纳做了一件事，终于使天花灭绝了。天花是被人类消灭的第一种传染病。

詹纳出生于英国格洛斯特郡的伯克利小镇，是一位有名的外科医生。他生活的年代，正是天花大爆发的时代。见到朋友和邻居们很多死于天花，詹纳非常痛苦，为此，他跑遍了英国的乡村田野，寻找一切有价值的治疗方法。偶然间，他在一个牛奶场发现了挤奶女工如果传染上牛痘，就不会再得天花。牛痘是人畜共染类病毒，和天花相似，但牛染病没有生命危险，对人的伤害更是微乎其微，詹纳觉得他找到了答案。1796年5月，詹纳给8岁男孩詹姆斯·菲普斯注射了一剂牛痘胞液。男孩患了牛痘发烧，一个多月后恢复健康。接着，詹纳在他的伤口上滴入天花痘液,奇迹出现了,男孩没有感染上天花病症。詹纳觉得不保险,两年间做了 23 次人体实验,其中包括他11 个月大的儿子罗伯特,结果是一致的,但凡得过牛痘的孩子,都对天花病毒免疫。1798 年,詹纳公开发表了研究成果,向外界宣布"种牛痘会预防天花"。一开始,很多人不相信,英国皇家学会认为他是个骗子。但是,其他国家却如获至宝,纷纷尝试詹纳的实验,并获得了成功。

短短十年,牛痘接种术在欧洲各国迅速传播。法国皇帝拿破仑为自己的孩子及军队进行了牛痘接种,他当时正在与英国交战,应詹纳的请求释放了两名英国战俘,拿破仑说:"我不能拒绝人类最伟大的恩人之一。"美国总统杰斐逊给詹纳写了一封信:"人类永远铭记你的功绩。我们的后代只会从历史书上知道曾经有过这么一种可恶的病叫天花,但被你消灭了。"

1979 年,世界卫生组织正式宣布:天花在全世界范围被根除。詹纳被后世尊称为"免疫学之父",他为人类做出了杰出的贡献。

▶▶ 巴斯德与发酵

巴斯德(1822—1895),出生于法国东尔城,毕业于巴

黎大学，法国著名的微生物学家、化学家。巴斯德开辟了
微生物领域，创立了一整套独特的微生物学基本研究方
法，使用"实践—理论—实践"的方法进行研究，他发明的
巴氏消毒法至今仍被应用。

1843 年，巴斯德以优异成绩考入巴黎高等师范学校，
攻读化学专业。他的勤奋使他出色地完成了各门功课，
他的实验能力在同学中也是出类拔萃的。一天，巴斯德
在一篇文章中读到有关酒石酸的文章，他对此产生了浓
厚的兴趣。

1854 年 9 月，法国教育部委任巴斯德为里尔大学工
学院院长兼化学系主任，在那里，他对酒精工业产生了兴
趣，而制作酒精的一道重要工序就是发酵。在那个时代
的酿酒生产中，酒变酸的问题一直没有得到解决，这阻碍
了酿酒业的发展。巴斯德开始对酒变酸的问题进行研
究。他用实验证实了空气中的微生物是腐败的根源。他
指出啤酒之所以变酸，是因为乳酸杆菌在营养丰富的啤
酒里迅速繁殖。他发现了一个简单有效的防止啤酒变酸
的方法：把封闭的酒瓶放进铁丝篮里，在五六十摄氏度的
水里放置半个小时就可杀死乳酸杆菌，经过这样处理，酒
就不会变质。这就是著名的巴斯德消毒法。巴斯德继续
研究，弄清了发酵时产生的酒精和二氧化碳都是因为酵

母分解了糖得来的。这个过程即使在没有氧气的条件下也能发生,他认为发酵就是酵母的无氧呼吸,控制它们是酿酒的关键。1857年,巴斯德发表了《关于乳酸发酵的记录》,这是微生物学界公认的经典论文。

巴斯德具有高度的爱国情操。1868年,德国波恩大学颁赠医学博士的名誉学位给他,但在普法战争爆发后,他把学位退了回去,因为他不愿看到自己的名字出现在德意志帝国的文凭上。普法战争中,巴斯德告诫医生所有手术及包扎用品要高温消毒才能防止感染。英国外科医生利斯特应用巴斯德的灭菌原理,两年内将开刀死亡率由90%降到了15%。

1885年,一位农妇将自己9岁的儿子带到巴斯德家中,孩子前一天被疯狗咬伤,共有14处伤口。孩子的母亲哀求巴斯德,救救自己的儿子。巴斯德请来了儿科及神经科的大夫征询意见,其中一位在狂犬病管理机构任职。巴斯德将自己制备的减毒液交给儿科大夫,经过10天的注射,孩子病情稳定,没有任何狂犬病迹象,伤口也逐渐愈合。巴斯德研制了狂犬病疫苗,挽救了无数的生命,推进了现代免疫学的发展。

巴斯德被称为进入科学王国的"最完美无缺的

人"——他不仅是个理论上的天才，还是个善于解决实际问题的人。作为近代微生物学的奠基人，他不仅开辟了微生物学领域，还使外科学和公共卫生学发生了改变，引领医学发展走向科学与实验的道路，为人类社会做出了巨大贡献。

▶▶科赫与微生物培养

科赫（1843－1910），德国医生、细菌学家，世界病原细菌学的奠基人和开拓者，有"细菌学之父"和"瘟疫克星"之称。

1843 年 12 月 11 日，科赫出生于德国，是一名矿工的儿子。他从小热爱生物学，7 岁那年，克劳斯特尔城的一位牧师因病去世，小科赫向前往哀悼的母亲提出了一连串的问题："牧师得了什么病？""难道绝症就治不好了吗？"母亲无法回答小科赫的提问。这件事在年幼的科赫心中留下了深刻的印象，他立志献身于征服病魔的医学事业。正是凭着这股开拓精神，科赫在病原细菌学方面做出了非凡的贡献。

众所周知，传染病是人类健康的大敌。从古至今，鼠疫、伤寒、霍乱、肺结核等疾病夺去了无数的生命。人类要战胜这些凶险的疾病，首先要弄清楚致病的原因。第一个发现传染病是由病原细菌感染引起的人就是科赫。

1870 年,科赫到东普鲁士一个小乡村当外科医生。科赫在没有科研设备,无法查阅资料,无法与其他科研人员接触的情况下开始研究炭疽病。1876 年的一天,有位农民急匆匆地闯进了科赫的诊所。他气喘吁吁地说:"我有三头肥羊,今天早上还好好的,可是刚才一头突然死了,另一头也快死了,第三头却健康地活着。我真不知它们犯了什么病,请您去看看行吗?"科赫听后,向病人们表示歉意,便跟着这位农民出去了。很晚,科赫才疲惫不堪地回到诊所。回来后,他将采回的血样放到显微镜下进行分析……又过了几天,科赫出诊时,听到人们议论:"不得了了,霍威尔农场一夜间死了六头牛!"科赫听后,急急忙忙地奔向霍威尔农场,取回死牛的血样。科赫在两块玻璃片上都涂了一滴血,放在显微镜下观察,血液呈黑色。观察中,他发现在黑色血液里,有几粒像灰尘一样的东西。再仔细观察,他看出这几粒灰尘似的东西很像一根根小木棒,有的是单独一根,有的是几根连在一起。看着看着,他脑子里突然产生了一个猜想,难道这就是炭疽病毒?为了证实这个猜想,他进行了大量的实验。在这一段时间里,只要听说牲畜死亡的消息,无论路途多么遥远,他都要亲自赶去,用试管装满死去牲畜的血液。他连

续观察了好几个月，做过无数次对照实验，发现在每一份死羊或死牛的血液标本中，都能看到这样的"小木棍"，而在健康的牛羊血液中却找不到。不久，科赫的《炭疽病病原学，论炭疽病杆菌发育史》在《植物生物学》杂志上发表了。1876年，他证明了炭疽杆菌是炭疽病的病因。此外，他认为每种病都有一定的病原菌，纠正了当时认为所有细菌都是一个种的观点。科赫一个人在极其简陋的条件下进行了实验，他坚韧不拔、锲而不舍的精神赢得了人们的尊重。1881年，他创立了固体培养基划线分离纯种法，应用这种方法，主要的传染病病原菌被相继发现。此后，他转向结核病病原菌的研究。他改进染色方法，发现了纯种结核杆菌，阐明了结核病的传染途径。1882年3月24日，他分离出结核杆菌，这是医学上的一次伟大发现。后来，他又发现了结核菌素，为结核病的防治做出了宝贵的贡献。1905年，科赫发表了防治结核病的论文，获得诺贝尔生理学或医学奖。世界卫生组织于1982年宣布，将每年的3月24日定为世界防治结核病日。

▶▶ 弗莱明与青霉素

弗莱明（1881—1955），英国细菌学家，生物化学家，微生物学家。

1881 年弗莱明出生于苏格兰的洛克菲尔德。1906 年毕业于伦敦大学圣玛丽医学院。弗莱明是一个脚踏实地的人，一直默默地工作。

1921 年 11 月，弗莱明患上了重感冒。他在培养一种新的黄色球菌时，取了一点鼻腔黏液滴在固体培养基上。两周后，弗莱明发现一个有趣现象。培养基上遍布球菌的克隆群落，但黏液所在之处没有。后来经过对比研究，弗莱明得出结论，鼻腔黏液中含有"抗菌素"。他发现，温度和蛋白沉淀剂都可破坏其抗菌功能，于是推断这种新发现的抗菌素是一种酶，并命名为溶菌酶。

1928 年 9 月，弗莱明致力于葡萄球菌的研究，那是一种会让人致病的细菌。为了研究这种菌的生活习性和致病机理，需要进行培养观察。当时的设备比较简陋，工作是在一间闷热、潮湿的旧房子中进行的，实验过程中又需要多次开启培养皿，皿中的培养物很容易受到污染。有一次，弗莱明打开培养皿观察细菌，偶然发现在培养皿口上长出了蓝绿色的霉菌，而就在霉菌旁边，葡萄球菌被溶化了，出现了透明的抑菌圈。弗莱明紧紧抓住这次"偶然"的发现，全力以赴地对这种蓝绿色霉菌进行研究，终于找到了葡萄球菌的克星——青霉素，并进一步发现它的杀菌作用。弗莱明于 1929 年 6 月发表论文《关于霉菌

培养的杀菌作用》。

后来，英国病理学家弗洛里和德国生物化学家钱恩进一步研究改进青霉素的提取和发酵工艺。1943年，青霉素成为美国第二重要的高端研究项目。青霉素的发现，使人类找到了一种具有强大杀菌作用的药物，结束了传染病几乎无法治疗的时代，挽救了成千上万人的生命。1945年，钱恩、弗莱明、弗洛里因"发现青霉素及其临床效用"共获诺贝尔生理学或医学奖。

▶▶沃森、克里克与DNA双螺旋结构

沃森（1928—），生物学家，20世纪分子生物学的带头人之一。1962年，与威尔金斯、克里克共同获得诺贝尔生理学或医学奖。2006年，沃森被美国权威期刊《大西洋月刊》评为影响美国的100位人物之一（名列第68位）。

沃森出生于美国芝加哥，孩提时代就非常聪明好学，他经常问"为什么"，往往简单的回答还不能满足他的要求。他通过阅读《世界年鉴》记住了大量的知识，因此在参加一次广播节目比赛中获得"天才儿童"的称号，还赢得了100美元的奖励。他用这些钱买了一个双筒望远镜，专门用它来观察鸟。这是他和爸爸的共同爱好。

由于天赋异禀,沃森15岁就进入芝加哥大学读书。在大学期间他的生物学、动物学成绩特别突出。他曾打算攻读研究生,专门学习如何成为一名自然历史博物馆鸟类馆的馆长。

1950年秋,22岁的沃森从美国印第安纳大学获得遗传学博士学位后,去往哥本哈根大学,从事生物化学方面的研究工作。1951年春,他受邀到意大利那不勒斯参加一个有关生物大分子结构的学术会议。在这次会议上,沃森深受启发,意识到:如果基因能像一般化学物质那样被结晶出来,就一定可以用化学、物理方法测定其结构。那一瞬间,沃森对化学产生了极大的兴趣,并萌生了与威尔金斯合作研究的念头。几个月后,沃森变更了自己的学习计划,来到英国剑桥大学卡文迪什实验室,并在那里遇到了生物学研究生克里克。

克里克(1916—2004),英国著名的生物学家,物理学家,神经科学家。

1916年,克里克出生在英格兰北汉普顿市。幼时的克里克便对科学问题充满好奇。1937年,克里克在伦敦大学学习,并获得了物理学学士学位。1947年,克里克进入剑桥大学的斯坦格威斯实验室参与研究工作,随后又

加入英国剑桥大学卡文迪什实验室。

这两个知识背景不同、相差 12 岁的人一见如故,决定携手合作,以建模方式确定 DNA 结构。他们参考的数据仅有三条:第一条是当时已广为人知的,即 DNA 由六种小分子组成:脱氧核糖、磷酸和四种碱基(A、G、T、C),这些小分子组成了四种核苷酸,这四种核苷酸组成了 DNA。第二条是富兰克林得到的衍射照片。第三条是美国生物化学家查戈夫测定的 DNA 分子组成。

广览信息后,他们最终揭示出:DNA 分子具有双螺旋梯形结构,每级梯是一个碱基对,碱基对的排列顺序代表了 DNA 中存贮的信息。他们撰写的千字论文发表在 1953 年 4 月 25 日的 *Nature* 上。

DNA 双螺旋模型(包括中心法则)的发现,是 20 世纪最重要的科学发现之一,它与自然选择一起,统一了生物学的大概念,标志着分子遗传学的诞生。

▶▶ 屠呦呦与青蒿素

屠呦呦(1930—),中国浙江宁波人。人类与疟疾的战争已持续千年,每年大约有 50 万人死于疟疾,其中多数为儿童。屠呦呦研制出青蒿素后,人类终于战胜了疟疾,数百万人的生命得以挽救。

1955 年,屠呦呦于北京医学院(今北京大学医学部)药学系毕业后,被分配到中国中医研究院(今中国中医科学院)工作。第二次世界大战结束后,疟原虫产生了抗药性,科学家们开始寻找新药。1969 年,中国中医研究院接受抗疟药研究任务,屠呦呦出任科技组组长,她从系统整理历代医籍入手,查阅经典医书和地方药志,四处走访老中医,做了 2 000 多张资料卡片,最后整理出包含 600 多种草药(含青蒿在内)的《抗疟单验方集》。"我们祖先早有用青蒿治疟疾的经验,为什么我们就做不出来呢?"屠呦呦再次翻阅古代文献寻找答案。《肘后备急方》中的几句话引起了她的注意:"青蒿一握,以水二升渍,绞取汁,尽服之。"屠呦呦从中医古籍中得到启迪,改变青蒿传统提取工艺,创建低温提取青蒿抗疟有效部位的方法,这成为发现青蒿素的关键。她提取出对疟原虫抑制率达100%的抗疟有效部位"醚中干",并最先从青蒿抗疟有效部位中分离得到抗疟有效单一成分"青蒿素"。之后,屠呦呦又带领团队率先开展"醚中干"、青蒿素单体的临床试验,证实了其治疗疟疾的临床有效性,并与合作单位共同确定青蒿素的化学结构,为其衍生物的开发提供了条件。

奠基者及关键技术

青蒿素是与已知抗疟药化学结构、作用机制完全不同的新化合物,标志着人类抗疟药物发展的新方向。《2015年世界疟疾报告》显示,由于采取了以青蒿素类为主的复合疗法,从2000年到2015年,疟疾的发病率和死亡率分别下降了37％和60％,挽救了约590万名儿童的生命。

1978年,屠呦呦带领的"523"研究组受到全国科学大会表彰。1979年,"抗疟新药青蒿素"获得国家技术发明奖二等奖。2011年,屠呦呦获美国拉斯克临床医学研究奖。2015年10月,屠呦呦因在研制青蒿素等抗疟药方面的卓越贡献,获得诺贝尔生理学或医学奖。

▶▶穆利斯与PCR技术

穆利斯(1944—2019),美国生物化学家,因发明高效复制DNA片段的"聚合酶链式反应"方法(PCR技术)而获得1993年诺贝尔化学奖。

1944年12月28日,穆利斯出生于一个农民之家。小时候的穆利斯就对科学充满兴趣,尤其是火箭和太空探索等。17岁那年,穆利斯将加热的硝酸钾和糖混合作为玩具火箭的燃料,然而,他发明的燃料没能让火箭上天,反而差点引发火灾。高中毕业后,穆利斯考上了佐治亚理工学院。从小就对化学感兴趣的穆利斯,在进入大学后选择了化学专业。本科毕业后,穆利斯改变了研究方向,进入加利福尼亚大学伯克利分校学习生物化学。

1979 年,穆利斯在朋友的推荐下,来到一家生物公司工作,负责合成寡核苷酸。1981 年,穆利斯当上了实验室的负责人。1983 年春天的一个夜晚,穆利斯载着女友去乡下过周末。汽车行驶在蜿蜒盘旋的公路上时,一个念头出现在他的脑海中:扩增 DNA 片段时,如果同时添加两条引物,分别扩增正义链和反义链,那么只要引物足够,岂不是可以无限循环地扩增下去! 穆利斯马上靠边停车,开始演算。这种扩增方法,每个循环得到的 DNA 都是上一个循环的 2 倍,那么循环 10 次就能扩增 1 000 多倍,循环 30 次就能达到 10 亿多倍! 穆利斯很快在公司科研会议上分享了自己的新发现,但并未得到认同。直到 1984 年,他在公司技术员的帮助下终于使这种方法获得成功,并将成果发表在 *Science* 上。

1993 年,因为发明 PCR 技术,穆利斯和史密斯共同获得了诺贝尔化学奖,同年还获得了日本国际奖。可以说,没有 PCR 技术的发明,就没有现代分子生物学。这项技术也彻底改变了生物化学、分子生物学、遗传学、医

学等学科。《纽约时报》曾评价穆利斯的成就："高度创新，非常重要，将生物学划分为两个时代：PCR 前时代和 PCR 后时代。"

PCR 技术对科学界具有重要意义，也被认为是 20 世纪最重要的科学技术之一。

▶▶弗朗西斯与定向进化技术

弗朗西斯(1956—)，美国化学工程师，加州理工学院化学工程、生物工程和生物化学教授。2018 年，因实现了酶的定向进化被授予诺贝尔化学奖。

1956 年 7 月 25 日，弗朗西斯出生于匹兹堡。弗朗西斯从小就有军人般的充沛精力，也有和科学家一样的好奇心。在普林斯顿大学攻读机械和航空航天工程专业时，弗朗西斯还选修了经济学、俄语和意大利语等课程，汲取了多方面的知识。大二时，弗朗西斯还对核工程产生了兴趣，去了意大利一家为核反应堆制造零部件的工厂工作。

1979 年，弗朗西斯从普林斯顿大学毕业后，来到了美国太阳能研究所(现为美国国家可再生能源实验室)担任工程师，致力于为偏远地区设计太阳能设施。弗朗西斯永不满足，在研究能源问题的过程中，她对生物化学产生了兴趣，就来到了加利福尼亚大学伯克利分校攻读博士，后来又完成了生物物理化学的博士后研究工作。

1986年，30岁的弗朗西斯来到加州理工学院，专注于开发在医学和能源等领域有应用潜力的蛋白质。她很快就发现了其中的困难，备受打击的同时只能加倍努力，做了成千上万个"又快又便宜"的实验。她回忆说："如果一个实验不成功，我就要做100万个实验，我不在乎其他999 999个不成功，只要找到一个可行的就够了。"在弗朗西斯职业生涯的早期，她就形成了务实、高效的实验风格。那时她的同事们都集中于理论研究，只有弗朗西斯大刀阔斧地研究起了随机突变。

进化是物种对不同环境的适应过程，这一过程创造了生物的多样性。生物的演化是由数千万年间无数代微小的基因突变促成的。弗朗西斯的做法正是人为加速了这一突变过程。她是通过在蛋白质的基础序列中引入突变来达到目的的，几天到几周的时间就能演化出一种新的蛋白质，然后再检验这些突变的效果。如果突变改善了蛋白质的功能，那还可以再次重复来进一步优化，这就叫酶的定向进化。弗朗西斯用这种方法改变了枯草杆菌蛋白酶E——它可以分解酪蛋白。她将许多随机突变引

奠基者及关键技术

入产生枯草杆菌蛋白酶 E 的细菌的遗传密码里，并将突变的酶引入含有二甲基甲酰胺（DMF）和酪蛋白的环境中。她从中选择了在 DMF 环境中最擅长分解酪蛋白的新酶，并继续在该酶中引入随机突变。经过三代后，她最终得到了强化型突变的枯草杆菌蛋白酶 E，其分解酪蛋白的能力可达原来的 256 倍。

定向进化改变了我们制造蛋白质的方式，改变了我们对新型蛋白质催化剂的看法，通过这项工作，弗朗西斯拓宽了自然界催化剂的种类。她挑战了主流权威，正如弗朗西斯自己所说："如果你喜欢挑战，就试着去做。"

▶▶卡彭蒂耶、杜德纳与 CRISPR 基因编辑技术

卡彭蒂耶（1968—），法国生物化学家，目前担任德国马克斯·普朗克病原体科学研究所主任。杜德纳（1964—），美国生物化学家，目前是美国加利福尼亚大学伯克利分校教授、美国霍华德·休斯医学研究所调查员。

两人因"开发出一种基因组编辑方法"获得 2020 年诺贝尔化学奖。

卡彭蒂耶 1995 年在法国巴斯德研究所获得博士学位，在完成博士后课题后进入瑞典于默奥大学开展独立

研究,研究重点是感染性疾病分子生物学。卡彭蒂耶小组研究发现一种反式激活 crRNA 可与 Cas 蛋白参与 RNA 酶Ⅲ对 CRISPR 转录出序列的选择性酶切而产生 crRNA,随后 Cas 蛋白、trancrRNA 和 crRNA 形成的复合物可对与 crRNA 配对的外源 DNA 实施剪切。

杜德纳 1989 年在美国哈佛大学医学院获得博士学位。她拥有扎实的分子生物学、结构生物学和生物化学等学科的研究基础,主要研究方向为 RNA 介导基因调节的分子机制。2007 年,杜德纳小组开始研究 CRISPR-Cas 系统,重点在于阐明 Cas 酶催化 crRNA 形成和靶 DNA 链断裂过程的结构基础和分子机制。

2011 年,卡彭蒂耶和杜德纳在波多黎各学术会议上相识,研究方向的一致性和研究内容的互补性使二人决定开展紧密合作,以将细菌的 CRISPR-Cas 系统应用于 DNA 编辑,并于 2012 年首次实现突破。她们在试管内完成 DNA 的精确切割,奠定了 DNA 编辑技术的基础,开拓了一个全新领域,这项突破也成为 CRISPR-Cas9 技术发明的一个里程碑。2013 年初,两个小组进一步利用 CRISPR-Cas9 技术在细胞内实现 DNA 精确编辑,还实现了基因表达的激活或抑制调控。

通过卡彭蒂耶和杜德纳的新发现，生命科学进入一个新时代。CRISPR-Cas9 技术在 DNA 编辑方面的简洁和高效使其迅速成为当前生命科学炙手可热的技术之一，已广泛应用于酵母、斑马鱼、果蝇、线虫、小鼠、恒河猴等的基因组改造。CRISPR-Cas9 技术的应用领域包括细胞和动物模型建立、功能基因组筛选、基因转录调节表观调控、细胞基因组活性成像和靶向治疗等。由于技术本身存在脱靶效应，因此在临床应用安全性方面尚待完善和改进，但其强大的作用效果将为单基因甚至多基因遗传病治疗提供全新模式。

生物工程的未来：发展机遇与挑战

> 我的人生哲学是工作，我要揭示大自然的
> 奥秘，为人类造福。
>
> ——爱迪生

生物产业是 21 世纪最活跃、影响最深远的新兴产业之一，是我国战略性新兴产业的主攻方向，对我国抢占新一轮科技革命和产业革命"制高点"，加快壮大新产业、发展新经济、培育新动能、建设"健康中国"具有重要意义。

随着人口的增加、不可再生资源的减少，以及人们日益增长的美好生活需要，特别是对生活品质及环境质量要求的提高，社会面临着越来越多的全球性问题。发展生物产业有利于解决这些重大问题。

实施中华人民共和国国民经济和社会发展第十三个五年规划纲要（简称"十三五"规划）以来，现代生命科学

快速发展，生物技术与信息、材料、能源等技术加速融合，高通量测序、基因组编辑和生物信息分析等现代生物技术不断突破，生物经济正加速成为继信息经济后新的经济形态，将对人类生活产生深远影响。靶向药物、细胞治疗、基因检测、智能型医疗器械、可穿戴即时监测设备、远程医疗、健康大数据等新技术加速普及应用，智慧医疗、精准医疗正在改变着传统的疾病预防、检测、治疗模式，为提高人民群众健康质量提供了新的手段。生物育种技术的进步极大提高了动植物的营养价值，增强了动植物的抗病性。生物制造产品比传统石化产品平均节能30％～50％，减少环境影响 20％～60％。微生物及其组成成分正在越来越多地被用于清除工业废物、修复生态系统。生物质能正在成为推动能源生产消费的重要力量。

"十四五"时期，国家将会进一步提升生物产业创新能力，深化改革，打造经济增长新动能。

▶▶ 生物经济发展的战略需求

➡➡ 产业转型绿色化发展需求

中国经济社会已跨过温饱进入经济发展新常态，原有的粗放型增长方式与发展模式不可持续,需要由数量型或"数质并举"向"高质量"转变,因而需要借助生物技术及其与农业、信息、能源、材料、工程等领域的融合,发展集约化农业和可再生生物质产业,逐渐替代不可再生的化石基产业,减少化石能源消耗及其造成的环境污染,从而实现产业与经济体系的绿色转型。

➡➡ 资源安全与可再生清洁化需求

当代实体经济的发展在很大程度上仍是以有限资源尤其是化石资源的不断消耗为动力,这些不可再生资源不断减少,有的濒临枯竭。中国属于发展中国家,客观上要求经济发展具有一定的增长速度,但土地、淡水、能源等自然资源相对匮乏,水土及环境压力大,能源生产与消费结构不合理,城乡环境质量透支严重,迫切需要以可再生资源,特别是生物资源替代化石资源;需要运用生物技术来提高淡水资源、土地资源,特别是耕地资源的利用率,并对受污染的水土进行修复。

➡➡ 国民健康需求

作为生物经济价值链的高端领域,健康医疗对提高人类健康水平、人民幸福感和生活品质具有非常重要的作用。通过生命科学与生物技术创新,能够改变疾病诊

断、治疗和预防手段，使健康医疗方式由目前的"疾病护理模式"转向"疾病预防模式"，即由"有病被动治疗状态"转向"主动参与疾病预防状态"，从而提高人类健康水平和"患者"的生活质量。

➡➡农业新功能需求

农业新功能需求包括新食品、功能食品以及与食品相关的营养强化需求；增强作物抗性（抗病虫害、耐旱、耐盐碱等）需求；生物基工业的原料需求；生物多样性及其他生态服务需求。

➡➡环境可持续与国际绿色发展需求

随着生物经济概念的进化、生物经济发展理念的传播、战略与行动计划的推进，以及国际生物基解决方案的实施及其绿色功能的显现，生物经济与联合国可持续发展目标、应对全球气候变化的《巴黎协定》之间的联系越来越密切。环境与气候变化具有全球性影响，作为负责任的新兴大国，中国在履行国际节能减排义务、为联合国可持续发展目标做出重大贡献、变革传统的以化石基经济为主的消费习惯等方面展现了国际担当。

▶▶生物经济发展的机遇

➡➡国家重视

生物产业是国家七大战略性新兴产业之一。国家高度重视其发展,并给予生物产业大力扶持。生物经济发展"十四五"规划中提到,按照供给侧结构性改革的要求,以打造生物经济为核心,以服务民生需求为根本,夯实产业基础,改革管理体制,加大战略投入,优化产业布局,扩大生物产业在生产、生活、生态各领域的广泛应用,推动生物产业开展全球合作,促进产业迈向中高端,加速形成经济新支柱。

➡➡投资者重视

自 20 世纪 90 年代以来,生物技术逐渐受到投资者的青睐。医疗健康和生物技术行业蓬勃发展,风险投资公司和大型企业积极投资以维持或增强未来行业的竞争优势。

➡➡技术发展成熟

无论是科技界还是产业界,基本认同一个重要判断:在未来的新世纪里,生命科学的新发现、生物技术的新突破、生物技术产业的新发展将极大地改变人类及社会发

展的进程。日益成熟的转基因技术、克隆技术以及正在加速发展的基因组学技术、蛋白质组学技术、生物信息技术和生物芯片技术等关键技术，正在推动生物技术产业成为新世纪最重要的产业之一，将深刻地改变人类的医疗、卫生、农业和食品状况。

➡➡人才储备量大

经过多年来的不断努力，我国在生命科学和生物技术领域拥有一支水平较高的研发队伍，创新和开发能力不断增强，具备了快速发展的基础和条件。20世纪60年代，我国科学家在世界上首次实现人工合成牛胰岛素；20世纪70年代，我国首创"三系法"杂交水稻技术，对解决中国粮食需求问题做出了重大贡献；20世纪80年代，我国在人工合成酵母丙氨酸tRNA及其酶学、生物膜和蛋白质立体结构研究的部分领域取得了一系列高水平成果，为生命科学的发展做出了历史性贡献。近年来，我国科学家又取得了一系列令世人瞩目的研究成果。总之，我国目前已经在国际生命科学和生物技术部分领域中占据了一定的有利位置，具备了冲击国际前沿、争夺"制高点"的基础和实力。

▶▶生物经济发展存在的挑战

➡➡技术要求高

以生物学为基础的技术较为复杂，具有行业进入壁垒高、专业性强等特点。相比于化石基原料，生物基原料加工难度大，导致很多生物科技产品产量不大且研发成本偏高；相较于信息技术产品，生物科技产品难以如网络软件产品一样被大量快速复制。

➡➡人才素质和能力要求高

生物产业是一个技术含量高、多学科高度融合的新兴产业。以基因工程药物为例，上游技术（工程菌的构建）涉及目的基因的合成、纯化、测序，基因的克隆、导入，工程菌的培养、筛选；下游技术涉及目标蛋白质的纯化、工艺放大、产品质量的检测等，对人才素质和能力的要求高。

➡➡资金投入大

生物产业是一个投入相当大的产业。以生物制药为例，资金主要用于新产品的研究开发、药厂厂房的建造和设备仪器的配置。目前，国外研究开发一种新的生物医药的平均费用为1亿～3亿美元，费用随着新药开发难度的增加而增加。一些大型生物制药公司的研究开发费用

占销售额的比例超过了 40％。生物医药产品的研发面临着较大的不确定性。新药要经历从生物筛选,药理、毒理等临床前实验,制剂处方及稳定性实验,生物利用度测试,人体临床实验到注册上市和售后监督一系列步骤,耗资巨大。

➡➡选择难度大

以可再生、可持续方式生产的和以传统方式生产的产品在外形上区别不大,但前者研发与生产成本往往高于后者。例如,使用生物原料生产的餐具（BIO 产品,即以可再生生物资源为原料生产的产品）与传统塑料餐具相比,外形区别不大,但研发成本高。面对外形相似的两种产品,消费者难以进行选择。

➡➡安全风险大

生物技术本身是一把双刃剑,潜藏着巨大的安全风险,在发展和应用过程中一旦失控,就会带来难以想象的后果。生物技术滥用、病毒样本泄露、基因武器风险等问题,对世界各国特别是发展中国家的安全构成了巨大威胁,需要采取措施加强技术保障。生物技术的发展也带来了伦理问题,如用于健康医疗目的的基因编辑胚胎,用于改良性状的转基因产品等。

参考文献

[1] 李春.生物工程与技术导论[M].北京:化学工业出版社,2015.

[2] 段钢,张晓萍,张国红.中国燃料乙醇工业的机遇与挑战[J].食品与生物技术学报,2019,38(05):1-6.

[3] 宋思扬,楼士林.生物技术概论[M].北京:科学出版社,2014.

[4] 陈朝银,赵声兰.生物科学、生物技术和生物工程本科专业规范的比较与分析[J].教育教学论坛,2015(05):112-113.

[5] 金城.微生物酶工程:绿色生物制造的基石[J].微生物学通报,2020,47(07):2001-2002.

[6] 张先恩.中国合成生物学发展回顾与展望[J].中国科学:生命科学,2019,49(12):1543-1572.

[7] 赵国屏.合成生物学——生物工程产业化发展的新时期[J].生物产业技术.2019,(01):1.

[8] 张文赫.生物化工研究现状与发展趋势[J].产业创新研究,2018(05):92-94.

[9] 李祖义.生物塑料引领塑料产业新方向[J].工业微生物,2019,49(04):56-63.

[10] 韩克星.1,3-丙二醇生产工艺的对比及选择[J].化工设计通讯.2019,45(08):64-65+90.

[11] 姜莉莉.微生物菌群发酵粗甘油生产1,3-丙二醇的研究[D].大连理工大学,2018.

[12] 黄春娥.探析环境检测中现代生物技术的应用[J].科技与创新,2014(11):154-155.

[13] 白选杰.农业生物技术[M].成都:西南交通大学出版社,2011.

[14] 杨军玉.蔬菜病虫害防治彩色图鉴[M].北京:金盾出版社,2016.

[15] 刘朝晖.发现青霉素:人类抗菌史从此改变[J].新民周刊,2020(35):72-73.

[16] 刘望夷.世界名著《双螺旋》——一部独特风格的科学史话[J].生命的化学,2020,40(12):2319-2324.

［17］ 任天.20 年前克隆羊多莉诞生：影响持续至今,开启无法想象的可能性[J].创新时代,2017(04):24-25.

"走进大学"丛书拟出版书目

什么是机械? 邓宗全　中国工程院院士
　　　　　　　　哈尔滨工业大学机电工程学院教授(作序)

　　　　　　王德伦　大连理工大学机械工程学院教授
　　　　　　　　全国机械原理教学研究会理事长

什么是材料? 赵　杰　大连理工大学材料科学与工程学院教授
　　　　　　　　宝钢教育奖优秀教师奖获得者

什么是能源动力?
　　　　　　尹洪超　大连理工大学能源与动力学院教授

什么是电气? 王淑娟　哈尔滨工业大学电气工程及自动化学院院长、教授
　　　　　　　　国家级教学名师

　　　　　　聂秋月　哈尔滨工业大学电气工程及自动化学院副院长、教授

什么是电子信息?
　　　　　　殷福亮　大连理工大学控制科学与工程学院教授
　　　　　　　　入选教育部"跨世纪优秀人才支持计划"

什么是自动化? 王　伟　大连理工大学控制科学与工程学院教授
　　　　　　　　国家杰出青年科学基金获得者(主审)

　　　　　　王宏伟　大连理工大学控制科学与工程学院教授

　　　　　　王　东　大连理工大学控制科学与工程学院教授

　　　　　　夏　浩　大连理工大学控制科学与工程学院院长、教授

什么是计算机? 嵩　天　北京理工大学网络空间安全学院副院长、教授
　　　　　　　　北京市青年教学名师

什么是土木? 李宏男　大连理工大学土木工程学院教授
　　　　　　　　教育部"长江学者"特聘教授
　　　　　　　　国家杰出青年科学基金获得者
　　　　　　　　国家级有突出贡献的中青年科技专家

什么是水利？　　张　弛　大连理工大学建设工程学部部长、教授
　　　　　　　　　　　　教育部"长江学者"特聘教授
　　　　　　　　　　　　国家杰出青年科学基金获得者

什么是化学工程？
　　　　　　　　贺高红　大连理工大学化工学院教授
　　　　　　　　　　　　教育部"长江学者"特聘教授
　　　　　　　　　　　　国家杰出青年科学基金获得者
　　　　　　　　李祥村　大连理工大学化工学院副教授

什么是地质？　　殷长春　吉林大学地球探测科学与技术学院教授（作序）
　　　　　　　　曾　勇　中国矿业大学资源与地球科学学院教授
　　　　　　　　　　　　首届国家级普通高校教学名师
　　　　　　　　刘志新　中国矿业大学资源与地球科学学院副院长、教授

什么是矿业？　　万志军　中国矿业大学矿业工程学院副院长、教授
　　　　　　　　　　　　入选教育部"新世纪优秀人才支持计划"

什么是纺织？　　伏广伟　中国纺织工程学会理事长（作序）
　　　　　　　　郑来久　大连工业大学纺织与材料工程学院二级教授
　　　　　　　　　　　　中国纺织学术带头人

什么是轻工？　　石　碧　中国工程院院士
　　　　　　　　　　　　四川大学轻纺与食品学院教授（作序）
　　　　　　　　平清伟　大连工业大学轻工与化学工程学院教授

什么是交通运输？
　　　　　　　　赵胜川　大连理工大学交通运输学院教授
　　　　　　　　　　　　日本东京大学工学部 Fellow

什么是海洋工程？
　　　　　　　　柳淑学　大连理工大学水利工程学院研究员
　　　　　　　　　　　　入选教育部"新世纪优秀人才支持计划"
　　　　　　　　李金宣　大连理工大学水利工程学院副教授

什么是航空航天？
　　　　　　　　万志强　北京航空航天大学航空科学与工程学院副院长、教授
　　　　　　　　　　　　北京市青年教学名师
　　　　　　　　杨　超　北京航空航天大学航空科学与工程学院教授
　　　　　　　　　　　　入选教育部"新世纪优秀人才支持计划"
　　　　　　　　　　　　北京市教学名师

什么是环境科学与工程？

　　陈景文　大连理工大学环境学院教授

　　　　　　教育部"长江学者"特聘教授

　　　　　　国家杰出青年科学基金获得者

什么是生物医学工程？

　　万遂人　东南大学生物科学与医学工程学院教授

　　　　　　中国生物医学工程学会副理事长（作序）

　　邱天爽　大连理工大学生物医学工程学院教授

　　　　　　宝钢教育奖优秀教师奖获得者

　　刘　蓉　大连理工大学生物医学工程学院副教授

　　齐莉萍　大连理工大学生物医学工程学院副教授

什么是食品科学与工程？

　　朱蓓薇　中国工程院院士

　　　　　　大连工业大学食品学院教授

什么是建筑？　齐　康　中国科学院院士

　　　　　　东南大学建筑研究所所长、教授（作序）

　　唐　建　大连理工大学建筑与艺术学院院长、教授

　　　　　　国家一级注册建筑师

什么是生物工程？

　　贾凌云　大连理工大学生物工程学院院长、教授

　　　　　　入选教育部"新世纪优秀人才支持计划"

　　袁文杰　大连理工大学生物工程学院副院长、副教授

什么是农学？　陈温福　中国工程院院士

　　　　　　沈阳农业大学农学院教授（作序）

　　于海秋　沈阳农业大学农学院院长、教授

　　周宇飞　沈阳农业大学农学院副教授

　　徐正进　沈阳农业大学农学院教授

什么是医学？　任守双　哈尔滨医科大学马克思主义学院教授

什么是数学？　李海涛　山东师范大学数学与统计学院教授

　　赵国栋　山东师范大学数学与统计学院副教授

什么是物理学？孙　平　山东师范大学物理与电子科学学院教授

　　李　健　山东师范大学物理与电子科学学院教授

什么是化学?	陶胜洋	大连理工大学化工学院副院长、教授
	王玉超	大连理工大学化工学院副教授
	张利静	大连理工大学化工学院副教授
什么是力学?	郭　旭	大连理工大学工程力学系主任、教授
		教育部"长江学者"特聘教授
		国家杰出青年科学基金获得者
	杨迪雄	大连理工大学工程力学系教授
	郑勇刚	大连理工大学工程力学系副主任、教授
什么是心理学?	李　焰	清华大学学生心理发展指导中心主任、教授(主审)
	于　晶	辽宁师范大学教授
什么是哲学?	林德宏	南京大学哲学系教授
		南京大学人文社会科学荣誉资深教授
	刘　鹏	南京大学哲学系副主任、副教授
什么是经济学?	原毅军	大连理工大学经济管理学院教授
什么是社会学?	张建明	中国人民大学党委原常务副书记、教授(作序)
	陈劲松	中国人民大学社会与人口学院教授
	仲婧然	中国人民大学社会与人口学院博士研究生
	陈含章	中国人民大学社会与人口学院硕士研究生
		全国心理咨询师(三级)、全国人力资源师(三级)
什么是民族学?	南文渊	大连民族大学东北少数民族研究院教授
什么是教育学?	孙阳春	大连理工大学高等教育研究院教授
	林　杰	大连理工大学高等教育研究院副教授
什么是新闻传播学?		
	陈力丹	中国人民大学新闻学院荣誉一级教授
		中国社会科学院高级职称评定委员
	陈俊妮	中国民族大学新闻与传播学院副教授
什么是管理学?	齐丽云	大连理工大学经济管理学院副教授
	汪克夷	大连理工大学经济管理学院教授
什么是艺术学?	陈晓春	中国传媒大学艺术研究院教授